禅
意
人
生
修
行
课

禅意人生修行课

# 不抱怨的世界，爱上生命中的不完美

修心、宽容、不抱怨的人生智慧

慧玥／编著

海天出版社（中国·深圳）

海天出版社（中国·深圳）

图书在版编目（CIP）数据

　　不抱怨的世界，爱上生命中的不完美 ：修心、宽容、
不抱怨的人生智慧 / 慧玥编著. — 深圳 ：海天出版社，
2015.1
　　（禅意人生修行课）
　　ISBN 978-7-5507-1106-8

　　Ⅰ．①不… Ⅱ．①慧… Ⅲ．①人生哲学－通俗读物
Ⅳ．①B821-49

　　中国版本图书馆CIP数据核字(2014)第115201号

**不抱怨的世界，爱上生命中的不完美：修心、宽容、不抱怨的人生智慧**
Bu Baoyuan De Shijie，Ai Shang Shengming Zhong De Bu Wanmei：Xiuxin、Kuanrong、Bu Baoyuan De Rensheng Zhihui

出 品 人　陈新亮
责任编辑　张绪华
责任技编　梁立新
封面设计　元明·设计

出版发行　海天出版社
地　　址　深圳市彩田南路海天综合大厦（518033）
网　　址　www.htph.com.cn
订购电话　0755-83460202(批发)　83460239(邮购)
设计制作　深圳市知行格致文化传播有限公司 Tel：0755-83464427
印　　刷　深圳市希望印务有限公司
开　　本　787mm×1092mm　1/16
印　　张　17
字　　数　173千
版　　次　2015年1月第1版
印　　次　2016年4月第2次
定　　价　39.00元

# 前言

　　社会压力的增大，让很多人变得暴躁易怒，仅仅因为一点小事就可能喋喋不休，甚至抓狂，这些都是我们要解决的难题，我们需要一个不抱怨的世界，在这里，只有宁静祥和，不会有抓狂抱怨。

　　人，生而不公，爱上生命中的不完美，接受生活的不公平，接受"不完美"，才能拥有"完美"。苛求完美，未必就能得到幸福。许多人穷其一生去追寻完美这道彩虹，却发现阴影无时无刻不在跟随。修心、宽容、不抱怨，才是最高的智慧。

　　要做内心强大的自己，就要懂得在浮躁的世界中修炼一颗宁静的心。这是一个喧嚣躁动的时代，只有为焦灼的心灵寻找一片宁静的栖居地，才能"静而后能安，安而后能虑，虑而后能得"。

　　修心，还是一种气度，一种修养。只有修心，才能淡泊处世，不倨不傲，不阿不妒，不争不贪，不卑不亢。修身养性，也要有自己的修心方式，你可以自然、洒脱、从容、淡泊，但这些都无外乎宁静。做内心最宁静的自己，高山流水也将与你相伴，你的小天地也能成为烟雨桃源。

如果所有的美德可以自选，让我们先把宽容挑出来吧。也许平和与安静会很昂贵，不过拥有宽容，我们就可以奢侈地享有它们；也许微笑和赞美会很美丽，不过拥有宽容，我们就可以放心地让它们锦上添花。

人的一生中必须有三次宽容：一是原谅自己，因为你不可能完美无缺；二是原谅对手，因为你的愤怒之火只会影响自己和家人；三是原谅朋友，因为越是亲密的朋友越能无意间深深中伤你。只有做到这三种宽容，你才能实现快乐和幸福。

佛家有云："精明者，不使人无所容。"在现实生活中，有许多事情，当你打算用忿恨去实现或解决时，你不妨用宽容去试一下，或许它能帮你实现目标，解决矛盾，化干戈为玉帛。正所谓"得饶人处且饶人"，你能饶人，人才会容你，这也是宽容的回报。

有一位哲人曾经说过："骚扰我们的，是我们对事物的意识，而不是事物本身。"这句话就是要告诉人们，抱怨不能帮助你解决任何问题。不但不能帮助你解决问题，还会为你带来很多莫名的苦恼。

抱怨是人生的毒药，它在慢慢地侵蚀着我们的心灵，整日的抱怨让人意志消沉，变得更加浮躁和烦闷。同时，周围的人会因为你喋喋不休的抱怨看轻你的为人，质疑你的能力。可以说，抱怨是成功的大敌，只能带给你不幸的人生。因此，我们要停止抱怨，修炼好自己的心态，坦然面对生活和工作中的一切不如意。

对于抱怨，17世纪的西班牙思想家、哲学家葛拉西安告诫人们："藏起你受伤的手指，否则它会四处碰壁。"抱怨也许是一贴心灵的镇痛剂，能暂时缓解失败的痛苦，但却不能从根本上解决问题，它只会在你的痛觉苏醒的时候让你的痛感更加强烈。

"当华美的叶片落尽，生命的脉络才历历可见。"一切尘埃落定，人生的全部喧嚣归于平静，青春、浮华被似水的流年冲淡，曾经的舞榭歌台曲终人散时，我们唯一可以确定的就是这一生是快乐、幸福的，抑或是悔恨、气恼的。

本书通过一系列佛理的故事，从修行的角度出发，浅析如何运用修心、宽容、不抱怨的智慧，来爱上生命中的不完美。

生活不一定完美，但是我们却可以尽力做到最好。活出真实、快乐的自己，人生就是精彩的。

# 目录

—

## 下篇·不抱怨

序 章
# 人生中充满禅意

禅是什么？有四句话："达摩东来一字无，全凭心意下功夫。如要纸上做文章，笔尖蘸干洞庭湖。"所以禅是不可言说的，只能体悟。

## 第一节 禅与人生有不解之缘

中国所讲的禅的"禅"字不是中国字。中国古代的"禅"字发音为"shan"。"禅"之所以发"chan"是从梵文来的。"禅"字在梵文经典中发音为 Dhyāna diana 意思是"静虑"，即安静地坐在那儿去思考。中国人无法解释"静虑"，于是干脆把它解释为"禅"字。dhyāna 如何翻译为"禅"字？因为早期佛教有两种语言：一种语言是梵文，梵文"坐禅"这字为 Dhyāna；还有一种语言是缅甸、泰国、印度的佛教语言。这字用英文拼为 Jhanachana。中国"禅"字多半从 Jhana 翻译成中文。

禅学是依于佛教智慧名相所衍生的一种思想，与中国禅宗初祖达摩大师所传的禅宗无关，其大意是放弃用已有的错误知识、逻辑来解决问题。认为真正最为容易且最为有效的方法是直接用源于自我内心的感悟来解决问题，寻回并证入自性。其理论认为这种方法不受任何错误知识、任何逻辑、任何（错误）常理所束缚，是真正源自于自我（你自己）的，所以也是最适合解决自我（你自己）的问题的。也就是说可以把禅理解为是一种最为简单也是最为有效的解决问题的方法。

胡适曾说："中国禅并不来自于印度的瑜伽或禅那，相反的，却是对瑜伽或禅那的一种革命。"铃木大拙说："像今天我们所谓的禅，在印度是没有的。中国人的那种富有实践精神的想像力，创造了禅，使他们在宗教的情感上得到了最大的满足。"Thomas Merton 说："唐代的禅师才是真正继承了庄子思想影响的人。"可以说，中国禅最根本的悟力是和老庄的见地一致的,《道德经》的第一、二两章便说出了禅的形而上基础。禅宗强调内心的自证,和庄子的"坐忘""心斋"和"朝彻"等是一致的。

中国禅宗六祖慧能大师说:"外离相曰禅,内不乱曰定。"(《坛经》)——外面的世界五光十色,能超越形象,不为所动,这就是"禅";超越外部的形象时,心灵就保持了自由,这就是"定"。有了"禅定"的功夫,生命境界就会改观。

禅与人生有不解之缘。人生中充满禅意,禅的精神、禅者的心态使人生在艰难中升华,在平淡中精彩。

古代的名流智者,如白居易的乐天知命、苏东坡的洒脱坚韧、王安石的出入自在,以及现代名人如林清玄散文的飘逸空灵、蔡志忠漫画的幽默灵动,都是因为有了禅。

禅文化是中国文化的精粹,在当代精神空虚、生态失衡、社会矛盾错综复杂的背景下,如何使人生少一些苦涩,多一些欢乐;少一些焦虑,多一些潇洒;少一些冲突,多一些和谐……了解一点禅,获得些禅趣,有助于人生趋向幸福圆满。

禅,也是当代人缓解压力、增强定力、开启智慧有效的方法之一。

减压:现在的人成天到晚都在喊,说自己很"忙",很"累",很"郁闷"。禅可以将这些东西一扫而光,可以减缓工作压力,把压力转变成动力。

增定:现代人受到的诱惑太多,这个也想要那个也想要,面对五光十色的花花世界时,把握不住自己,心神杂乱，恍恍惚惚。禅可以把我们的心理调节到最好的状态，让我们集中注意力，增加禅定的力量，获得宁静、安详、舒适、快乐的心理体验，从而让我们滚滚红尘得自在，大风大浪不翻船。

开智慧：为了各种利益，尔虞我诈、勾心斗角，明枪暗箭，那不叫智慧。禅的思维方式可以使人从生命的最深层次，打开最根本的智慧。打开了这个最根本的智慧，对宇宙人生就会看得透透彻彻、明明白白。

每个国家都有不同的禅修的方式，内省和静心并没有统一的格式和规矩，每个人自省的方式不同，每个人内心需求各不相同，因此只能寻找符合自己自救和内省的途径。"禅修"是佛门修行术语，意味着通过一定的方法，使心得到净化，从而去发现宇宙人生的真谛，提升生命的层次，追求解脱、自在与幸福。

## 第二节 禅是修行，禅也是生活

假如没有机会参禅，净慧长老提出，可以修"生活禅"。"生活禅"的关键在于"观照"，在生活中时时对自己的信念有一个观照，在观照中直面生活的烦恼，弥合心灵的分裂，从而全然接受生活中的所有不确定性。这时候生活就变成了修行，同时它也可能变成艺术。

从前，有个学佛的信徒到法堂去请教禅师，信徒道："禅师！我常常打坐，每时每刻都念经，早起晚睡，心无杂念，自忖在您座下没有一个人比我更努力的了，为什么就是无法悟道呢？"禅师拿了一个葫芦、一把粗盐，交给信徒："你去将葫芦装满水，再把盐倒进去，使它立刻溶化，你就会开悟了！"

学僧遵照师父所说立马行动起来，过不多久，跑回来说道："葫芦口太小，我把盐块装进去，它不化；伸进筷子，又搅不动，看来我是没办法开悟啊。"

禅师拿起葫芦倒掉葫芦里的一些水，再轻轻摇晃几下，盐块就溶化了，禅师慈祥地说道："一天到晚用功，不留一些平常心，就如同装满水的葫芦，摇不动，搅不得，如何化盐，又如何开悟？"

学僧："师父是说不用功也可以开悟吗？"

禅师："修行如弹琴，弦太紧会断，弦太松弹不出声音，生活中得道才是悟道之本。"学僧终于领悟。

禅宗行者说"瓦砾堆里有无上法"，这也很像学佛的人所说的"细行"，就是生活中细小的行止，如果在细行上有所悟，就能成其大；如果一个人细行完全，则动行举止都能处在定境。因此，细行对学佛的人是非常重要的，民初禅宗高僧来果禅师就说："我人由一念不觉，才有无明，无明只行细行，未入名色。今既复本细行，是知心源不远……他人参禅难进步，细行人初参即进步。"

少林寺一位方丈这样说过："佛经上说，一切资生事业，皆是佛事。提倡在日常生活中修行，其中还有一个更大的利益，就是能够培养佛教徒主动入世的风气。厌离世俗生活，但不脱离人间生活，和日常生活打成一片，和众生打成一片。实际上，这既是我们禅宗的古老传统，也深契现代开创的建设人间佛教的伟大事业。如果修行者长期远离日常生活，或者和日常生活脱节，不仅容易造成修行走偏，而且修行成就也不容易巩固，更严重的是导致世间佛教的萎缩。"

古时候有一位禅师以令其弟子在炉中寻觅有没有火的方式来开导弟子"悟佛"。

某天，禅师和弟子正在参禅打坐。室中的炉火已经几近熄尽了。禅师突然问他的弟子："炉中可还有火？"此弟子随后起身，手执一铁棍在炉中拨了两下，然后答禅师道："炉中已无火。"禅师闻此言后即起身来到炉边，拿起铁棍在炉中深深地拨了几下，翻出了里面的炭火，然后问他的弟子说："这，难道不是火？"弟子在一旁无言。这位禅师此举目的是要其弟子领悟："佛性本有"，但必须要通过不懈的努力去挖掘。我们大家每一个人都是拥有着上天赐予我们的智慧，我们都是有着聪明、智慧的，但是我们必须付出努力，努力地学习创造新智慧，这样我们才不会枉负上天赐予我们的伟大的智慧，我们才会拥有更多的成功和更加多的欢乐。

禅是什么？禅是修行，禅也是生活。能够从生活劳作中体会禅悦法喜的话，这就是禅。

生活的内容是多彩多姿的，禅的内容同样是极为丰富圆满的，而禅与生活又是密不可分的。从心理状态来说，安详是禅，睿智是禅，无求是禅，无伪是禅。从做人来说，善意的微笑是禅，热情的帮助是禅，无私的奉献是禅，诚实的劳动是禅，正确的进取是禅，正当的追求是禅。从审美意识来说，空灵是禅，含蓄是禅，淡雅是禅，向上是禅，向善是禅。

　　李叔同出家后法号弘一。他有一次和他的弟子、后来成为画家与文学家的丰子恺以及一群朋友吃饭，席中，有一个人是学佛的，自认深通禅理佛典，于是很想考验一下弘一大师，就问他："请问大师，您出家当了和尚后觉得幸福吗？"

　　大家都盼望着这个闻名天下的高僧能说出什么惊人的禅机。

　　谁知道弘一一边吃着素菜，一边平淡麻木地说："啊……是，幸福。"说完继续吃菜。大家听后觉得很失望，觉得这个所谓高僧的回答也不过如此。出门之后，在回去的路上，丰子恺也对老师说："老师，您今天的回答似乎太平常了吧？"

　　弘一笑道："有一群浑水里的鱼，一天游到了清水里，发现了这里也有一条鱼。群鱼感叹道，'这边的水和空气真好啊！'而清水里的鱼很奇怪，说，'是吗？我怎么没有感觉到啊！'"

　　丰子恺听后大笑，方悟出老师的高境界。

　　一直在"纯空"里的人，是感觉不到纯空的。而那些自以为已经空了，陶醉于所谓"境界"的人，却未必有真境界，未必懂"机"。

## 第三节 用心体悟禅的真意

禅学里，"悟"含有"心"和"我"两个意义，就是"我的心"，意指"我心中感觉到"，或"我心中体验到"。

在禅的里面，是非常注重体验的，这种亲身的体验，就是《六祖坛经》讲的"如人饮水，冷暖自知"。

什么是"如人饮水，冷暖自知"呢？当我们在喝这杯水的时候，我说烫，你也说烫，虽然我们都在说"烫"，但实际上是不一样的。因为对我来说，可能是60℃的水我才说烫，而对你来说，可能是45℃的水你就说烫。虽然我们都在说烫，但到底它的温度怎样，只有自己知道。

凡事只有亲身体验，才能体会其中的真意。如果只是用旁观者的态度，或者从纸上感悟，往往有如雨水滴到荷叶上，很难真正体会。真聪明不在嘴巴上表面上，而在亲身体会，身体力行上。

宋朝著名的禅师大慧门下有一个弟子道谦。道谦参禅多年，仍不能开悟。

一天晚上，道谦诚恳地向师兄宗元诉说自己不能悟道的苦恼，并求宗元帮忙。宗元说："我很高兴能够帮助你，不过有两件事我无能为力，你必须自己做！"道谦忙问是哪两件事，宗元说："当你肚子饿时，我不能帮你吃饭，你必须自己吃；当你想大小便时，你必须自己解决，我一点也帮不上忙。"道谦听罢，心扉豁然开朗，快乐无比，感悟了自我的力量。

　　有个学僧请教他的师傅海空禅师，要怎样做才能学会师傅所有的智慧。海空禅师笑了笑，从桌上拿起了一个苹果，放到嘴边，大大地咬了一口，然后不断地咀嚼着苹果，不发一言。

　　过了好一会儿，禅师才又张开嘴，将口中已经嚼烂的苹果吐在手掌当中，然后递到学僧面前说："来，把这些吃下去！"

　　学僧非常疑惑地望着师傅，说："师傅，这……这怎么能吃呢？"

　　海空禅师又笑了笑，说："我咀嚼过的苹果，你当然知道不能吃；但为什么又想要汲取我的智慧的精华呢？你难道真的不懂？所有的学习，都必须经过你本身亲自咀嚼的；所有的收获，都必须经过你本身亲自去劳作与付出的；所有的聪明，都不是停留在嘴巴上的。要想成为有大智慧的人，就必须自己亲自去学习，亲自去求证！千万别以为有什么捷径可以走。懒惰的人是不可能成为大知大觉者的。"

　　很多事情，是需要亲身体验才有切肤之感的。伤过才知疼痛的滋味，哭过才知无助的绝望，傻过才知付出的不易，错过才知拥有的可贵……体验了失误，才会更好地选择；体验了失败，才会更好地把握；体验了失去，才会更好地珍惜。只有体验过了，你才真正懂得，没有什么不可以割舍，不可以放下的！

　　禅是什么？有四句话："达摩东来一字无，全凭心意下功夫。如要纸上做文章，笔尖蘸干洞庭湖。"所以禅是不可言说的，只能体悟。

上篇

修心

人可以穷，心不能穷，心里的能源，取之不尽；身可以残，心不能残，心里的健康，用之不竭。

——星云大师

任何一个人升沉、苦乐、正邪……都是由心决定的。人，是受思想支配，受认识指导的。为什么要修行？因我们从出生以后，由于自我意识的伸张，主观意念把一切问题、现象、事实都扭曲了，如果不修行，便一直扭曲下去，活的环境是个变态的环境，心，是个走了样子的心。不修心，会活得很苦。

# 第一章

## 幸福在于内心

佛曰：『幸福不在外物，而在于内心，关键在于心态的平衡与否。』

## 第一节 幸福就是此时此刻

唐朝年间，有一个富甲一方的商人与居士讨论"幸福"二字。居士说："我现在很幸福。"

商人听完以后轻蔑地说："粗茶淡饭、简陋的茅舍也叫幸福？我看你真是脑袋烧坏了。真正的幸福要像我这样拥有万贯家财，饭来张口，有人服侍。"

居士笑着说："你有你的幸福，我有我的幸福。幸福对每个人有着不同的含义：商人的幸福是财源滚滚、生意兴隆；农民的幸福是种一粒种子，收获更多的粮食；政治家的幸福是官运亨通，青云直上。所以，只要自己认为幸福就可以。"

不久以后，一场大火让商人的家产化成了灰烬，奴仆们都各奔东西。商人沦为乞丐流浪街头。商人想讨口水喝就来到了居士的住所。

居士见到商人，摇摇头没有说什么便走进屋里，端出来一碗水，递给他说："你现在认为什么是幸福？"

喝过水后，商人惭愧地低下头说："现在我已经很满足，幸福就是现在。"

佛曰："幸福不在外物，而在于内心，关键在于心态的平衡与否。"也就是说，幸福极容易把握，也极容易失去，只因心最容易感受，也最难把握。[①]

大多数人都无法专注于"现在"，他们总是若有所想，心不在焉，想着明天、明年甚至下半辈子的事。有

---

[①] 弘一法师.修心做内心强大的自己.北京理工大学出版社，2012.3

人说"我明年要赚得更多"，有人说"我以后要换更大的房子"，有人说"我打算找更好的工作"。后来钱真的赚得更多，房子也换得更大，职位也连升好几级，可是，他们并没有变得更快乐，而且还是觉得不满足："唉！我应该再多赚一点！职位更高一点，想办法过得更舒适！"这就是没有活在当下，就算得到再多，也不会觉得快乐，不仅现在不够，以后永远也不会嫌够。忘了真正的满足不是在"以后"，而在"此时此刻"，那些想追求的美好事物，不必费心等到以后，现在便已拥有。

人们往往不懂得珍惜眼前拥有的东西，不知道眼前的东西才是能够给自己带来真正收获的宝藏。其实，无论是痛苦还是幸福，懂得珍惜，你才能真正理解它们对于人生的意义。

幸福就是这么简单，又是如此短暂，为何我们不牢牢地抓住呢？有时候，只有失去了，才懂得什么是幸福。居士是幸福的，他知道知足常乐，珍惜现在拥有的东西。最终，商人也是幸福的，以前他认为拥有万贯家财是幸福的，现在他拥有一碗水也觉得是幸福的。只要心里觉得幸福，那么幸福就在身边。

## 第二节 人懂珍惜自拥有

钦山和尚与雪峰禅师一起前往江西洞山。停下来歇息的时候，雪峰脱下鞋，发现又磨破了两处衬底，不觉惋惜地说道："您挺着点，咱们还要走三个多月才能到达江西洞山呐！"

钦山见雪峰对着一双鞋子自言自语，忍不住笑了，说道："对一双鞋子也这样礼拜，真是有佛心啊！"

雪峰说道："懂得珍惜的人，才能领悟生命的奥秘啊！"

正说着，钦山忽然叫喊起来："看！河里漂下来一片菜叶！河流上游肯定有人家，我们到那里去度人吧？"

雪峰说："这么好的菜叶居然丢掉，实在是太可惜了，这样不知道珍惜的人太不值得我们去度了，还是到别的地方去吧！"然后伸手把菜叶捞了起来。

两人正要起身离去的时候，忽然看见一个人顺着河水飞跑下来，大声地喊道："喂！喂！和尚，你们有没有看见一片菜叶从上游漂下来？那是我刚才洗菜时一不小心被水冲走的，要是找不回来就太可惜了，多好的一片菜叶呀！"

雪峰把菜叶从兜里拿出来，递给了那个人。那个人高兴得笑了："好哇！终于找回来了！"

不知道珍惜生活中的一点一滴，又怎么能够认清生命的本来面目呢？二人互相望了一眼，便不约而同地向上游走去。①

欧洲有位著名的女歌唱家，30 岁时便已经享誉世界，而且也已经有了一个美满的家庭，有一个爱她的丈夫，还有两个可爱的孩子，人人都觉得她真是太幸运了，简直是上帝的宠儿。

有一年，她来到邻国举办个人演唱会，这场演唱会

---

① 赵伯异. 看开 给不听话的心上一堂佛学课. 人民日报出版社，2010.5

的门票早在一年前就已经销售一空了。那次的演唱会举办得很成功，表演结束之后，歌唱家和她的丈夫、儿子从剧场里走了出来，只见堵在门口的记者和歌迷们，一下子全拥了上来，将他们团团围住。每个人都热烈地呼喊着歌唱家的名字，其中不乏赞美与羡慕的话。

有人恭维歌唱家大学一毕业就开始走红了，而且年纪轻轻便进入国家级的剧院，成为剧院里最重要的演员；还有人恭维歌唱家，说她25岁时就被评为世界十大女高音歌唱家之一；也有人恭维歌唱家有个腰缠万贯的大公司老板做丈夫，而且还生了这么一个活泼可爱的小男孩，一个充满幸福微笑的孩子……

当人们议论的时候，歌唱家只是安静地聆听着，没有做任何回应。过了一会儿，她才缓缓地开口说："首先，我要谢谢大家对我和我家人的赞美，我很开心能够与你们分享快乐。只是，我必须坦白告诉大家，其实，你们只看到我们风光的一面，还有另外一些不为人知的地方。那就是，你们所夸奖的这个充满笑容的男孩，很不幸的，他是个不会说话的哑巴。此外，他还有一个姐姐，是个需要长年待在医院里的精神分裂症患者。"

歌唱家勇敢地说出这一席话，当场让所有人震惊得说不出话来，大家你看看我，我看看你，似乎难以接受这个事实。

歌唱家看了看大家，接着心平气和地说："这一切只能说明一个道理，那就是，上帝对任何人都不会给得太多。"

**我们只需懂得珍惜，珍惜我们手中的一切，如此，**

生命即使有任何残缺或不圆满的地方，我们仍然可以是幸福的。懂得珍惜，就有佛心。懂得珍惜才能领悟生命的奥秘，懂得珍惜才能真正拥有你想要的，懂得珍惜就已经拥有了真正美好的东西。

## 第三节 今天是唯一的财富

一个年轻人来拜访禅师，向他请教一些人生问题。

"请问大师，你生命中的哪一天最重要？是生日还是死日？是上山礼佛的那一天，还是得道开悟的那一天？"年轻人谦恭地问。

"都不是，生命中最重要的是今天。"禅师不假思索地答道。

"为什么？"年轻人甚为好奇，"今天并没有发生什么惊天动地的大事啊？"

禅师说："今天的确没有什么大事发生。"

年轻人不解地问："那今天重要是不是因为我的来访？"

禅师回答："即使今天没有任何来访者，今天也仍然是最重要的，因为今天是我们拥有的唯一财富。昨天不论多么精彩，多么值得回忆和怀念，它都像沉船一样沉入海底了；而明天不论多么灿烂辉煌，它都还没有到来；唯有今天，不论多么平常、多么暗淡，但是它在我们手里，由我们自己支配。属于我们的永远只有今天。"

年轻人还想问，禅师收住了话头："在我们刚才谈论时，我们已经浪费了'今天'，我们拥有的'今天'已经减少了许多。剩下的就看你如何把握了。"

年轻人若有所思地点点头，然后就疾步下山了。

人不能弥补过去，也不能预测未来，唯一能做的，只有把握现在。

过去的只能是现在的逝去，再也无法留住；而未来又是现在的延续，是你现在无法得到的。你不把现在放在眼里，即使你能对过去了如指掌，对未来洞察先知又有什么具体的实在意义呢？

的确，忽略了现在，就等于自讨苦吃。幸或不幸，都是在我们现在的每一个行动中形成的。把握住了现在，即把握住了幸福秘密。

不懂得把握"现在"，过去和未来都将成为落寞的烟尘。太过纠结于过去与未来，最终我们会发现，生活就在无休无止的纠结和追逐中草草度过，没有留下任何印记。没有印记的生活是苍凉的，是可悲的，因此，我们每个人应破除对过去和未来的执著，活在当下，珍惜眼前的幸福。

多年前，小李跟悉尼的一位同学谈话。那时同学太太刚去世不久，他告诉小李说，他在整理他太太遗物的时候，发现了一条丝质的围巾，那是他们去纽约旅游时在一家名牌商店买的，那是一条雅致、漂亮的名牌围巾，高昂的价格券标还挂在上面。他太太一直舍不得用，她想等一个特殊的日子才用。

讲到这里，他停住了，小李也没接话，好一会儿后他说："再也不要把好东西留到特别的日子才用，你活着的每一天都是特别的日子！"

以后，每当小李想起这几句话时，他常会把手边的杂事放下，找一本小说，打开音响，躺在沙发上，抓住自己的时间。生活应当是我们珍惜的一种经验，而不是要挨过去的日子。

## 第四节 享受生命的每一分钟

他是位富商，有四个未成年的儿子，最小的儿子莱格只有七岁，但富商却不幸患了绝症。现在最让他放心不下的就是这第四个孩子。那一天，富商躺在医院的床上向外张望，忽然看到医院的草坪上有一群孩子在捉蜻蜓。于是他打发人把四个儿子都叫来，对他们说："你们也下去给爸爸捉几只蜻蜓来吧，爸爸很多年没见过蜻蜓了。"

四个儿子答应着跑了出去。不一会儿莱格的大哥就带着一只蜻蜓回来了。

"你怎么这么快就捉到一只？"爸爸问。

大儿子回答说："这不是我捉的，是我用你给我买的遥控赛车换的。"富商接过蜻蜓，笑着点点头。

又过了一会儿，二儿子也回来了，他带来两只蜻蜓。

富商问："这么快就捉了两只蜻蜓回来？"

二儿子回答说："我把你送给我的遥控赛车给了一位小朋友，他给我三分钱，这两只蜻蜓是我用两分钱向另一位小朋友租来的。爸爸，你看这是多出来的一分钱。"富商也接过蜻蜓，赞许地点点头。

不久老三也回来了，他带来了十只蜻蜓。富商惊讶地问："你这一会儿工夫是怎么捉这么多蜻蜓的？"

三儿子说："我把你送给我的遥控赛车在广场上举起来，问他们谁愿玩赛车，玩一次只需交一只蜻蜓就可以了。爸爸，你看要不是怕你着急，我至少可以收到二十只蜻蜓。"富商也接过蜻蜓，然后赞赏地拍了拍三儿子的头，说："好样的。"

又过了好一会儿，莱格才回来，他满头大汗，两手空空，衣服上还沾满了尘土。富商问："孩子，你这是怎么搞的？"

莱格说："我追了半天也没捉到一只，就在地上和小朋友们玩赛车了，要不是看哥哥们都回来了，说不定我的赛车能撞上一只蜻蜓呢！"富商笑了，笑得满眼是泪，他摸着莱格那挂满汗珠的脸蛋，把他搂在了怀里。

第二天，富商去世了，孩子们在他的床头发现一张小纸条，上面写着：孩子，谢谢你们昨天为我做的事，我只想告诉你们，我并不想要蜻蜓，我只想要的是你们捉蜻蜓时得到的快乐。

　　人生真正的快乐并不是成功的那一点，而是追求成功的过程。就像爬山真正的乐趣也不是站在山顶上的那一刻，而是一步一步爬过山坡时看到的风景。所以我们做事时，也不要只盯着事情的结果，要学会享受做事的过程，享受我们生命的每一分钟。①

---

① 李少聪.打造阳光心态.第四军医大学出版社，2009.8

小镇上有一家商店，店主是一位接近 60 岁的老人，他已经在这座小镇上居住了将近 30 年。由于老人待人热情，小镇上的人都喜欢到他这里来买东西，小店的生意一直很兴隆。

小店的规模一天天地扩大，商品的种类和每天来此买东西的顾客越来越多。但老人还是采用之前那种传统的记账方式，账目难免会出错。很多人都劝老人购买一台结账机，但老人一直都不肯。

看着父亲那些厚厚的账本，儿子终于忍不住开口问道："爸，您为什么不改一改记账的方法，把一切都算得更清楚、准确一些呢？难道您就不怕亏本吗？"

老人听后笑着说道："这个不用算，即便是不记账，我自己心里也有数。"儿子还是不明白："那您平时是怎么计算利润和成本的呢？"

老人看着满脸疑惑的儿子，缓缓地说道："我从小在农村长大，家里的生活过得很艰苦。你爷爷去世的时候，只留下了一条蓝布裤和一双黑布鞋给我。打那之后，我就离开了村子，只身一人来到这个小镇上。我拼命地工作，终于攒够钱开起了这家百货商店。后来又遇到了你的母亲，同她结婚之后，又有了你和你的妹妹。这一切，比起小时候的生活来，都让我感到幸福极了。所以，我的成本和利润计算起来很简单。就是用我现在所有的一切减去那条蓝布裤和那双黑布鞋。无论收入多少，我都是最大的受益者。"

生活其实就是一个充实饱满的过程，回首一路走来的路途，充斥在我们回忆里的不但有一生的得失输赢，更珍贵的还有沿途美好的风景。所以幸福并不是不断地去想要拥有更多的东西，而是充分享受你已经拥有的一切。当你对自己的拥有心存感激时，你就是幸福的。[①]

## 第五节 看庭前花开花落

父亲欲对一对孪生兄弟进行"性格改造"，因为其中一个过分乐观，而另一个则过分悲观。一天，他买了许多色泽鲜艳的新玩具给悲观的孩子，又把乐观的孩子送进了一间堆满马粪的车房里。

第二天清晨，父亲看到悲观的孩子泣不成声，便问："为什么不玩那些玩具呢？"

"玩过了就会坏的。"孩子哭泣道。

父亲叹了口气，走进车房，却发现那乐观的孩子正兴高采烈地在马粪里掏着什么。

"告诉你，爸爸，"那孩子得意洋洋地向父亲宣称，"我想马粪堆里一定还藏着一匹小马呢！"

乐观和悲观的人生态度似乎就在一念之间，乐观的人只会把事情往好的方向去想，而悲观的人呢，即使你给予他再多美好的事物，他也会忧心忡忡，痛苦不已。

姹紫嫣红，草长莺飞是美；大漠孤烟，长河落日是美。难道荷败菊谢就大煞风景了吗？即使是"行到水穷

[①] 夏新义.每天一堂幸福课.北京工业大学出版社，2011.5

处"，也要潇洒地坐看云起云涌。这就是乐观，这就是幸福。幸福是一份比较，更是一份比较后的满足；只要我们拥有乐观的心态，心灵就犹如有了源头活水，时时滋润灵动的眼睛，去发现幸福，去欣赏幸福。

人生就像一个瓶子，你放的快乐多，悲伤就少；反之，整个人生就是一个郁闷的状况。所有的这一切的乐与悲、幸与不幸，都是由每个人的心态来决定。生在这个世界上，有些固定条件虽然无法选择，比如地域、父母，但是我们的内心世界是可以由自己来控制的。乐观的人处处可见"青草池边处处花"，"百鸟枝头唱春山"；悲观的人时时感到"黄梅时节家家雨"，"风过芭蕉雨滴残"。

人生在世，不如意事常有八九，这是一个不以人的意志为转移的客观规律。一味地陷入不如意的忧愁中，只能使不如意变得更不如意。"去留无意，闲看庭前花开花落；宠辱不惊，漫随天际云卷云舒。"既然悲观于事无补，那我们就应该用乐观的态度来对待人生，守住乐观的心境。

## 第六节 珍惜眼前的幸福

有个年轻的诗人，英俊且富有，妻子温良贤淑。对诗人来说，他应该是幸福的。但是他并不快乐，整天都郁郁寡欢。

有一天，大梵天问他："你为什么不快乐，我能帮你吗？"

诗人对大梵天说："我现在什么都有，只缺一样东西，你能够给我吗？"

大梵天回答说："可以，你要什么我都可以给你。"

诗人沉默了一会儿说："我想要的是幸福，你可以给我吗？"大梵天想了想，说："我明白，只要你以后不后悔就可以了。"诗人笑着说："我不会后悔的，我现在太渴望幸福了！"

然后，大梵天拿走了诗人的才华和财产以及他妻子的生命，便离去了。

时间匆匆而过，一个星期过去了，大梵天再次出现在诗人的面前，那时诗人已经衣衫褴褛地躺在地上。

大梵天问诗人："你现在觉得幸福吗？"

诗人用沙哑的声音说："我现在懂得知足常乐的道理了。"

于是，大梵天把诗人的一切还给了他，又离去了。

半个月后，大梵天再次出现在诗人面前问："现在你觉得自己幸福吗？"

这次，诗人搂着妻子，向大梵天道谢说："我现在很幸福。"

在现实生活中，若你觉得幸福，幸福就会出现在你身边；若你觉得不幸福，那么即便走遍天涯海角，也难觅幸福的踪影。懂得知足，就拥有幸福。因此，每个人都要珍惜眼前的幸福，应当懂得"知足常乐"的道理，幸福就会出现在你的身边，向你招手。①

① 弘一法师.修心 做内心强大的自己.北京理工大学出版社，2012.3

　　有人形容幸福是一把沙子，当你想要用力将它握在手中时，手中所握的沙子就会很少；但是当你试图将它放松时，它就会从你的指缝中流走，所以，幸福是需要好好把握的。

　　世界最珍贵的不是"得不到"的未来和"已失去"的昨天，而是现在能把握的幸福。与其不快乐地活在过去或者将来，不如好好把握现在，去珍惜自己身边最珍贵的东西。否则，自己现在拥有的也会成为将来"已失去"的。所以，从现在起，不要回头看，也不要为无法预期的将来担心，认真过好现在的每一天，珍惜身边的人，幸福的滋味靠自己的心去体味，想要这幸福更长一些，还是好好把握现在拥有的一切吧！

## 第七节　明天愁来明日愁

　　一位小和尚每天早上清扫院子里的落叶。在冷飕飕的清晨扫落叶实在是一件苦差事，每天都需要花费许多时间才能清扫完落叶，这让小和尚头痛不已，有个和尚跟他说："你在打扫之前先用力摇树，把落叶统统摇下来，明天就可以不用辛苦扫落叶了。"

　　小和尚觉得这是个好办法，于是使劲地猛摇树，这样，他可以把今天跟明天的落叶一次扫干净了，一整天小和尚都非常开心。

　　第二天，小和尚到院子里一看，不禁傻眼了，院子里如往日一样仍落叶满地。

老和尚走了过来，意味深长地对小和尚说："傻孩子，无论你今天怎么用力，明天的落叶还是会飘下来啊！"

生活中，我们也常常和小和尚一样，企图把人生的烦恼都提前解决掉，以便将来过得更好。而实际上，很多事是无法提前完成的，过早地为将来担忧，于事无补，只能让自己活得很累，剥夺本该属于自己的快乐。

过早地为将来担忧，只会给自己增加负担，只能让自己活得很累，很无奈，也会让自己觉得非常失败，这样，只会剥夺本该属于自己的快乐。唐罗隐诗："明天愁来明日愁"，也并非完全的消极，也有一定的道理。古语有云"活在当下"，指的就是努力过好现在。

## 第八节 金钱买不来幸福

每天上午 11 时许，一辆耀眼的汽车穿过纽约市的中心公园。车里除了司机，还有一位主人——无人不晓的百万富翁。百万富翁注意到：每天上午都有位衣着破烂的人坐在公园的凳子上死死地盯着他住的旅馆。一天，百万富翁对此产生了极大的兴趣，他要求司机停下车并径直走到那人的面前说："请原谅，我真不明白你为什么每天上午都盯着我住的旅馆看。"

"先生，"这人答道，"我没钱，没家，没住宅，我只得睡在这长凳上。不过，每天晚上我都梦到住进了那所旅馆。"

百万富翁灵机一动，洋洋自得地说："今晚你一定如梦以偿。我将为你在旅馆租一间最好的房间并付一个月房费。"

几天后，百万富翁路过这人的房间，想打听一下他是否对此感到满意。然而，他出人意料地发现这人已搬出了旅馆，重新回到了公园的凳子上。

当百万富翁问这人为什么要这样做时，他答道："一旦我睡在凳子上，我就梦见我睡在那所豪华的旅馆，真是妙不可言；一旦我睡在旅馆里，我就梦见我又回到了冷冰冰的凳子上，这梦真是可怕极了，以至完全影响了我的睡眠！"

人生不幸福的根本原因就是不能够理解和领悟幸福的真正涵义，把幸福过多地寄托在许多物质上，人生的悲哀是否是与生俱来和亘古相传的，几千年的人类历史有几人能够放下滚滚红尘的诱惑，坦然地面对一瓢一食一间仅可容身的茅草之屋，快乐地享受活着的乐趣。

实际上，我们对金钱的看法比金钱本身更影响我们的幸福。积极心理学之父塞利格曼教授的研究认为，在所有阶层中，越看重钱的人对他的收入越不满意，也对他的生活越不满意。

塞利格曼教授的团队通过对 40 多个国家进行生活满意度的调查发现：购买力强的国家，人民生活满意度也高；一旦国民收入超过人均 8000 美元之后，这个相关性开始消失，财富的增加并不能继续增加生活的满意度。

金钱买不来幸福，20世纪后50年，富庶国家购买力的改变也带给我们同样的信息：美国、法国和日本实际购买力已经翻了一番，但是生活满意度却没有变化。

第二章

养心最重要

「如果我是我所拥有的，而如果我所拥有的失去了，那我又是谁呢？」

## 第一节 从内心找清静

　　崛多禅师游历到太原，看见神秀大师的弟子结草为庵，独自坐禅。禅师问："你在干什么呢？"

　　僧人回答："探寻清静。"

　　禅师问："你是什么人？清静又为何物呢？"

　　僧人起立礼拜，问："这话是什么意思？请你指点。"

　　禅师问："何不探寻自己的内心，何不让自己的内心清静？否则，让谁来给你清静呢？"

　　僧人听后，当即领悟了其中的禅理。


　　向内心探索，学着去理解生活，了解生命的成长，摆脱物质世界的种种诱惑，从而找到使心灵平静的方法，优雅从容地生活。

　　对于城市中的人来说，若能保持自持修行的坚忍，遵循品德和良知，洁净恩慈，即使不置身于幽深僻静的山谷，也能自留出一片清净天地。

　　20多年前，美国汉学家、佛经翻译家比尔·波特来到中国，寻访传说中在终南山修行的隐士，因为《空谷幽兰》的问世，很多西安人才知道距离市区一小时车程的终南山中，还保留着隐居传统，有5000多位来自全国各地的修行者隐居山谷，过着和1000年前一样的生活。

　　其实山里所谓的美妙，你不克服一些困难没法享受。一位隐士住山里需要克服很多现实的困难，最大的障碍是自己的内心，很多人到山上，几天就下山了，因为受不了山中的孤独，没有人交流，一些人甚至会"着魔",其实就是轻度精神分裂,因为他心有杂念来住山,当孤独时自己不能克服,就出现了心理问题。

修行者如果要入山,首先,要找到自己能住的茅棚,租当地村民房子的比较多,也有人自己搭建茅棚,但这也需要与村民进行土地协商,住山洞当然没有人管,但山洞大部分很潮湿,不能住人。饮水、种地、劈柴等问题都需要考虑,有的隐士要走两小时山路去背水。

还有安全问题,因为隐居的地方都比较偏僻,加上是独居,潜在危险并不少,曾经有一位比丘尼在山中小庙里被杀,杀人者是一个十几岁的小孩,仅仅是为了一点香火钱。

马可·奥勒留在其著作《沉思录》中曾这样写道:"人总是想隐退乡间、海滨、山林,但这完全是一种庸俗的想法,因为你尽可以随时隐退到自己的内心去。没有任何地方能比自己的心灵更为宁静、更无纷扰。如果一个人的内心海阔天空,他只消静心敛神,立刻就可以获得完全的宁静。"

## 第二节 选择心灵的宁静

我们享受到内心的宁静,并感到快乐和心满意足时,往往是生活之河平稳地向前流淌之时:拥有一份满意的工作,良好的人际关系,健康的身体和优越的经济条件。当我们没有焦虑和压力,也不繁忙时,便会平静下来。

但是，日常生活并不是如此。我们总会为一些事情焦虑，紧张和不安，无法平静下来。尽管如此，我们仍然可以享受到平静，而忽略外在的条件。内心的宁静是一种心理状态，并不受外在条件的约束。为什么一定要等到"合适"的环境呢？为什么要让内心的平静取决于外在的条件呢？

两个画家相约用"静"字一起作画，他们同时进入了微妙的构思着墨之中，过了不久，两人的作品都完成了。

第一位画家首先自豪地将他的作品铺张开来，只见画面上，一片清澈的湖水无尽地延伸开来，湖面上不见一丝波澜，岸边的垂柳倒映在清澈见底的湖水当中，似乎有无尽的低回之意，从整个湖畔的画面看来，平静得只有一个"静"字可以将它形容，当真是把"静"表达得惟妙惟肖。

第二位画家由衷地夸赞了几句后，又缓缓地将自己的作品展示出来，他画的是一道雨后山中的壮丽瀑布，湍急的水流自陡峭的山壁上直泻而下，颇有万马奔腾的架势，更妙的是在气势壮阔的瀑布半腰处，有一株突兀横生的小树，正似乎随着水波的冲击而摇动着，而在摇晃不停的小树梢上，凌空悬着一个简陋的鸟巢，鸟巢当中正有一双幼稚的雏鸟，在安详地闭着双眼，沉沉地睡着，对于瀑布的冲击，小树的晃动，雏鸟仿若不觉。

第一位画家静静地看着这幅画，被画中小鸟那种动中自静的境界迷住了。他情不自禁地对第二位画家说道："我只能描绘情景，你却能诠释情境，的确是你高明多了。"

　　这位画家的话道出了宁静的真谛，无论外界多么静美的"情景"都比不上心中宁静的"情境"。

　　面对滚滚红尘，杂务缠身，与其去紧张去烦恼，倒不如让自己宁静下来。宁静可以沉淀出生活中许多纷繁而来的浮躁，过滤出浅薄、粗率等人性的杂质，一种修养，一种境界，一种充满内涵的悠远。安之若素，沉默从容，往往要比气急败坏、声嘶力竭显得更有涵养和理智。

　　生活中人们喜欢鲜花掌声，灯红酒绿、歌舞喧腾的热闹，但在热闹之中，往往包含着捧场和虚假，热闹之后，留下的常常是无奈的冷清和失落，只有宁静才是一方净土，不但能为你带来心灵的感念，更能让你享受生活的安宁。

　　我们许多人错误地把个人的享乐当作心灵的和平。也许我们可以从财富、两性生活中暂时得到一些乐趣，但这些乐趣或享受并不持久，它们来了又去了。我们不否认这样的人得到了一定的享受，对各种享受也是满意的，但这不是心灵的和平。真正心灵的和平则是心灵的稳定、祥和与满足，继而用这种健康的心态面对人生道路上的艰难险阻。

　　当一个人真正摆脱了思想的束缚，心灵也就不再受禁锢，一个人能认清并懂得心灵的幻觉，因为两者是合二为一并且本质相同的东西。当乌云蔽日时，太阳还在，只不过被云遮住了。我们的本质，内心的真我也一直存在，只是需要除去包裹和封套，才能体会到平静和安宁。这些包裹和封套就是我们的思想、观念、习惯和生命。我的意思是，你必须控制自己的思想，它必须是你的仆人，为你服务，而不是你的主人。

试着关注你一天的思想，好像它们并不是属于你，不要陷入其中。要有意识地观察你的思想，这样，有意识的观察能力就会增加。

你必须持之以恒地提醒自己去观察你的想法，因为你可能会忘记。不要放弃，你一定会成功。如果你竭尽所能地去锻炼，你将会踏上成功之旅。这需要一些时间，你得到的回报会比付出的努力更大。

保持心灵的宁静，是一种睿智。它可以使人超脱，使人向善，使人知可为而为，知不可为而不为；知其该为而为，不该为而不为。使人在"淡泊"与"宁静"的心态中，达到"明志"与"致远"的理想境界。

## 第三节 养心最重要

弘一法师表示："谦退是保身第一法。安详是处事第一法。涵容是待人第一法。恬淡是养心第一法。"

大珠慧海禅师第一次到江西参拜马祖大师时，马祖便问："你从什么地方来？"

大珠禅师回答："我从越州大云寺来。"

"来我这有什么事？"

"来求佛法。"

"你自己家里有宝藏你不求，抛弃自己的家四处乱走干什么？我这里什么都没有，有什么佛法可求？"

　　大珠禅师听到，立刻向马祖礼拜，然后问："哪个是我慧海自家的宝藏？"

　　马祖答："就是现在问我问题的这个人啊，他就是你的宝藏。一切都具足，不欠缺任何东西，而且可以自在使用，为什么还向外追求？"

　　大珠禅师听了，马上领悟了应该从修养自己的心上下功夫的道理，高兴得不由自主地跳起来，向马祖大师礼拜表示感谢。

　　外在的物质财富固然重要，但是，精神财富是属于我们自身的。当我们向外追求物质财富的同时，也不要忘了我们自身中就有无尽的宝藏。因此，我们要认识自己内在的心灵财富的重要性，开发它，保养它。

　　从前，在遥远的雪山下，有一只两头鸟。这只两头鸟为了自己的安全，白天在一起进食，到了夜晚则轮流守护，一头如果睡着了，一头就醒着。两头鸟虽然共用一个身体，头脑和思想却是各自分开的，一头总是想着负面的事情，每天都过得不开心，所以叫做"恼恼"；另外一头则是想着正面的事情，每天都很欢喜，所以叫做"欢欢"。

　　有天晚上，轮到恼恼睡觉了，欢欢独自看守。"我多么幸运住在这美丽的森林。"正想着的时候，突然闻到一阵浓郁的香气，原来是一朵芬芳的香花落在头边，欢欢想着："太好了，恼恼睡得正甜，我不叫它了，反正我单独吃或一起吃都一样会解渴而有力气呀！"欢欢便独自默默地把香花吃了。

到天亮的时候，恼恼醒了，发现自己的肚子很饱，神清气爽，吐气如兰。她问欢欢说："我睡觉的时候，你吃了什么东西？使我感觉这么好！"欢欢说："吃了一朵花，我看你睡得甜，心想我吃了，你也能得到益处，所以没叫你，单独把它吃了。"

恼恼听了心里非常不悦，想着："你看见美味不与我共享，以后有什么好东西，我也不给你吃。"接下来的几天，恼恼愈想愈气，后来心里竟充满了仇恨："我们是两个头，却共用一个身体，我每天忧烦不已，你每天却兴高采烈，我干脆自杀死了，也不让你有好日子过！"这天晚上，恼恼特意飞到一棵毒树上栖息，对欢欢说："你先睡吧！今天我来值夜。"等到欢欢睡熟了，恼恼就吃了一朵毒花，毒性很快发作了，欢欢被痛醒过来，发现吐出来的都是臭气，吃惊地问："你刚刚是吃了什么？"恼恼说："吃了一朵毒花，我想要毒死你，谁叫你上次吃香花没有叫醒我呢？"欢欢说："你这只笨鸟，我吃香花是为了你我的利益，没想到你反而生出猜疑和仇恨，今天害死我的不是有毒的花，而是你有毒的心呀！"说完，两头鸟就一起死去了。①

我们经常劝别人要保重身体，却很少想到要保养心理。实际上养心比养身更重要，因为心理的建设、心理的健全，能增加身体的健康。

养生，在我国最早见于《庄子·内篇》。"养"，即保养、调养、补养之意；而"生"，即生命、生存、生

---

① 佛音弘法. 深圳晚报，2013.6

长之意义。由此可见，"养生"的目的就是尽量延长生命时限，尽力提升生活质量，我国中医学传统的观点认为："怒伤肝，思伤脾，喜伤心，悲伤肺，恐伤肾。"它告诉我们，人的心理活动与人的生理功能之间存在着内在的必然联系，良好的情绪状态可以使人的生理功能处于最佳状态，反之则会降低或破坏人的某种功能或组织，引发各种疾病。

我们知道"肝、脾、心、肺、肾"都是人体的主要器官，是物质的东西；而"怒、思、喜、悲、恐"都是人的情绪表现和条件反射，属于精神的范畴。两者之间既相互区别又相互联系，既相互促进又相互影响，既相互依存又相互作用，既相互矛盾又相互统一。养生重在养心。养心，古人云："天下根本，人心而已。""一生淡泊养心机"这是一个很高的精神境界。人都有"喜、怒、哀、乐、悲、恐、惊"，但值得注意的是这"七情"重在把握好分寸和尺度，切不能越头过火，否则将物极必反。"常观天下之人，凡气之温和者寿，质之慈良者寿，量之宽宏者寿，言之简默者寿。盖四者，仁者之端也，故曰仁者寿"。

所以如何养心呢？星云法师有四点意见：

一、以和平愿力来养心：我们的心里要有和平的观念，要有悲心愿力。因为我们的心就像工厂，你有和平、愿力，自能用和平的心，用愿力的心去造福别人。

二、以般若福慧来养心：如果我们的心里没有般若智能，没有福德善念，就像一个工厂没有资源，没有原料，就不能生产好的产品。假如我们的心中充满"般若的泉水""智能的泉水"，就能涓涓不断地流出智能和福报。

三、以菩提禅净来养心：人有时候有妄想，有烦恼，有是非，有差别，所以要有菩提正觉，要用禅定来养心，要用念佛的清净心来养心。就如一缸浑浊的水，把明矾放进去就清净了。对于我们妄念杂染的心，要用正念去清净，用菩提去清净，用念佛去清净，我们的心自然就清净了。

四、以空无包容来养心：有时候我们的心量狭小，不能容物，假如心胸像虚空宇宙，就能包容世界万有。所谓"宰相肚里能撑船"，我们要能容纳异己的存在，这样心胸才会宽广。

## 第四节　天然无饰，便是本性

有一天，小和尚无意中打破了师父心爱的茶杯。害怕师父责备自己，想偷偷地扔掉。可是，恰在这时，他听见师父的脚步声，越来越近，于是小和尚慌忙将打碎的茶杯藏在身后。师父进来后，小和尚问："师父，你说人为什么一定要死呢？"师父望着小和尚，缓缓地说："这是顺其自然的事情，世间万物，皆有生死。"小和尚一听，十分高兴，将那只打碎的茶杯拿了出来，说："师父，你的茶杯已经死了。"

佛学思想中有一个著名的偈语："春有百花秋有月，

夏有凉风冬有雪。若无闲事在心头，便是人间好时节。"

天然无饰，便是本性。佛学将生活看成一种自然运动状态，真实的生活何尝不是如此？不要为生活中失去自己的心爱之物而悲伤和痛苦，不要为生活中的悲欢离合而喜怒无常，只有这样，我们的生活才会越来越轻松。

来者要惜，去者要放。人生是一场旅行，不是所有人都会去同一个地方。路途的邂逅，总是美丽；分手的驿站，总是凄凉。不管喜与愁，该走的还是要走，该来的终究会来。人生的旅程，大半是孤单。懂得珍惜，来的俱是美丽；舍得放手，走的不成负担。对过去，要放；对现在，要惜；对将来，要信。

我们的心就像是一座寺庙，不需要用各种精巧的装饰来美化，需要的只是把心灵擦拭干净，让内在原有的美无瑕地显现出来。

禅追求的是"天然无饰，便是本性"，是把生活看成了一种天然的运动状态。用一颗本真的心，去感受世界，感受生活给予的一切。

一切为空，只有在这个彻底的否定中，才能得到绝对的肯定。

参禅何须山水地，灭却心头火亦凉。保持一颗清净纯洁的心，其道理也是一样。我们的生活环境像瓶里的水，我们就是花。唯有不停净化我们的身心，变化我们的气质，并且不断地忏悔、检讨，改掉陋习、缺点，才能不断吸收到大自然的粮食。

## 第五节 心如猿猴难控制

我们的意识，时时刻刻都在躁动不安，像猿猴爬树一样，不停地从这棵树上，爬到那棵树上，不能安安静静地待在一个地方。

我们的意念，也像马儿一样，不停地飞驰。所以禅把我们的意识叫"心猿意马"。心神散乱，就是心猿意马。参禅，就是要把心猿意马给拴住，让心静下来，正如唐玄奘法师上奏唐太宗的表文中所说："制情猿之逸躁，系意马之奔驰。"

杯子里的水，如果动荡摇晃，就不能反射出外部的事物。心也是一样，如果老是动荡不安，就不能平静地反映出外部的事物。所以，须借助修行，使自己安静下来。

在这个世界上，我们的意念都如在森林中的小鹿，迷乱地跳跃与奔跑，这纷乱的念头固然值得担忧，总还不偏离人的道路。一旦我们的意念顺着轨道往偏邪的道路如火车般开去，出发的时候好像没有什么，走远了，就难以回头了。所以，向前走的时候每天反顾一下，看看自我意念的轨道是多么重要呀！

"本来无一物，清净心自在。"都市人于感情里糊涂，生活中忙碌，职场中沉浮，人生中迷惘，皆因没有一颗"清净"的本心。我辈俱是凡夫俗子，红尘的多姿、世界的多彩令大家怦然心动，名利皆你我所欲，又怎能做到心如止水呢？

星云大师表示："人如果没一颗清净、感动的心，如何能与真理相应？"

　　一位得知自己将不久于人世的老先生，在日记簿上记下了这样一段文字：

　　"如果我可以从头活一次，我要尝试更多的错误，我不会再事事追求完美。

　　"我情愿多休息，随遇而安，处事糊涂一点，不对将要发生的事处心积虑地计算着。其实人世间有什么事情需要斤斤计较呢？

　　"可以的话，我会多去旅行，跋山涉水，再危险的地方也要看一看。以前不敢吃冰淇淋，是怕健康有问题，此刻我是多么的后悔。过去的日子，实在活得太小心，每一分每一秒都不容有失，并且过分追求清醒明白与合情合理。

　　"如果一切可以重新开始，我会充分地享受每一分、每一秒。如果可以重来，我会走出户外，用身体好好地感受世界的美丽与和谐。还有，我会去游乐场多玩几圈木马，多看几次日出，和公园里的小朋友玩耍。

　　"我十分希望人生可以从头开始，但我知道，不可能了。"

　　生活本是丰富多彩的，除了工作、学习、赚钱、求名，还有许许多多美好的东西值得我们去享受：可口的饭菜、温馨的家庭生活、蓝天白云、红花绿草、飞溅的瀑布、浩瀚的大海、雪山与草原等。让我们把眼光从"图功劳""求名利"上稍稍挪开，去关注一下我们生命、生活中的美好吧！①

――――――――――
① 夏新义．每天一堂幸福课．北京工业大学出版社，2011.5

## 第六节 不要沉溺在小事中

"我曾经是个多虑的人，"美国企业家阿伯特曾经讲过他自己的故事，"但是，一年春天，我走过韦布城的西多提街道，有个景象驱除了我的所有忧虑。事情的发生只有十几秒钟，但就在那一刹那，我对生命意义的了解，比在过去十年中所学的还多。

"那几年，我在韦布城开了家杂货店，由于经营不善，不仅花掉了所有的积蓄，还负债累累。我只有去银行贷款。

"就在我垂头丧气独自发愁的时候，有个人从街的对面走过来。那人没有双腿，坐在一块安装着溜冰鞋滑轮的小木板上，两手各用木棍撑着向前前进。

"就在那几秒钟，我们的视线相遇，只见他坦然一笑，很有精神地向我打招呼：'早安，先生，今天天气可真不错！'我望着他，突然体会到了自己是何等的富有。

"结果，这件事改变了我的一生，我在堪萨斯找到了一份不错的工作。"

下面是一名美国青年罗勃·摩尔讲述的故事：

"1945 年 3 月，我在中南半岛附近 276 英尺深的海下潜水艇里，学到了一生中最重要的一课。

"当时我们从雷达上发现了一支日军舰队朝我们开来，我们发射了几枚鱼雷，但没有击中其中任何一艘军舰。这个时候，日军发现了我们，一艘布雷舰直向我们开来。3分钟后，天崩地裂，6枚深水炸弹在潜水艇四周炸开，把我们直压到海底276英尺深的地方。深水炸弹不停地投下，整整持续了15个小时。其中，有十几枚炸弹就在离我们50英尺左右的地方爆炸。真危险呀！倘若再近一点的话，潜艇就会被炸出一个洞来。

"我们奉命静躺在自己的床上，保持镇定。我吓得不知如何呼吸，我不停地对自己说：这下死定了……潜水艇内的温度高达摄氏40多度，可我却吓得全身发冷，一阵阵冒虚汗。15个小时后，攻击停止了，显然是那艘布雷舰用光了所有的炸弹后开走了。

"这15个小时，我感觉好像有1500万年。我过去的生活一一浮现在眼前，那些曾经让我烦忧过的无聊小事更是记得特别清晰——没钱买房子，没钱买汽车，没钱给妻子买好衣服，还有为了点芝麻小事和妻子吵架，还为额头上一个小疤发过愁……

"可是，这些令人发愁的事，在深水炸弹威胁生命时，显得那么荒谬、渺小。我对自己发誓，如果我还有机会再看到太阳和星星的话，我永远不会再为这些小事忧愁了！"

这是经过大灾大难才悟出的人生箴言！

现在，我们在为生活奔走疲惫不堪时，心中难免会有一些郁闷的情绪，可是当我们把这些郁闷或忧虑放弃的时候，就会感到无比的轻松，所以，我们完全没必要为这些小事而发愁，因为那不值得！

# 第三章

## 心住何处难寻找

菩萨是他，是你，也是我。只有众生都想当菩萨，众生都能成为菩萨，大乘佛教的彼岸世界和理想天国，才能真正变成人间现实。

## 第一节 我到哪儿去了

有一位公差，押解着一名犯人去京城。犯人是一名犯了戒规的和尚。路途很远，负责任的公差每天早晨醒来后，都要清点身边的几样东西。第一样是包袱，他跟和尚的盘缠、寒衣都在里面，当然不能丢；第二样是公文，只有将这份公文交到京师才算完成任务；第三样是押解的和尚；第四样是自己。公差每天早晨都要清点一遍，包袱还在，公文还在，和尚还在，我自己也还在，这才开始上路出发。

日复一日，偏僻的小路上经常只有他们两个人在行走，很是寂寞，免不了闲聊几句。久而久之，彼此互相照应，关系越来越像朋友了。

有一天，风雨交加，两人赶了一天的路，饥寒交迫，投宿到一个破庙里。和尚对公差说，不远处有个集市，我去给你打点儿酒，今天好好放松一下。公差心思松懈，就给和尚打开了枷锁，放他去了。

和尚打酒回来，还买了不少下酒菜。公差喝得酩酊大醉，酣酣沉沉地睡过去。

和尚一看，机会终于来了。他从怀里掏出一把刚刚买来的剃刀，嗖嗖嗖，就将公差的头剃光了。然后，他将公差的衣服扒下来，自己换上，又将自己的僧袍裹在公差身上，连夜逃走了。

对发生的这一切，公差都浑然不觉，一觉睡到第二天日上三竿。醒来后，舒舒服服地伸个懒腰，准备清点东西，继续赶路。一摸手边的包袱，包袱还在；再看公文，公文也在；找和尚，和尚找不着了。庙里找，庙外找，到处都找不到。公差就抓挠着头皮想：和尚哪儿去了呢？咦？发现头居然是光的！低头再一看，身上穿着僧袍，恍然大悟，原来和尚也在呢！

前面三样都在，第四样就该找自己了。公差又在庙里四处找，怎么也找不着自己，心里就纳闷儿了，和尚还在，我到哪儿去了？

心理学家埃利希·弗洛姆提出了一个强有力的问题："如果我是我所拥有的，而如果我所拥有的失去了，那我又是谁呢？"

这说到底仍是同一个问题：如何认识"自我"？如果你认为自我就是自己所拥有的一切，那么很正常的，你倾向于要更多；但如果你认为自我就是"失去所有东西之后剩下的那些"，那么你在心理上也就不会觉得放弃它们有什么不可以，反正它们都是"身外之物"。根据现代心理学的观察，在物体丢失之后，常常会激发起人们在手工、思想、艺术、写作等方面的创造性，因为人们在心理机制上倾向于通过这种方式来弥补自身的丢失，以恢复到完美状态——换言之，创造性的时期也许会跟随一个人财产的失去而到来。

这两种理念乍一看似乎前者是物欲膨胀，而后者显得高尚得多，但事实上这只是一体之两面。在当下中国的中产阶层文化中，它们同样流行，不少人甚至可以同时拥抱这两种看起来彼此矛盾的理念——一个人可以一方面追求体面的生活，另一面高谈离弃物质生活找寻灵性。说到底，它们彼此相生，正是一者的蓬勃导致了其对立面的兴盛，因为人们既不卑鄙也不高尚，他们需要的只是平衡。

　　我们每个人在生活中都是在不断地寻找自己。然而，很多人却是拿着别人的地图，寻找自己的路。每个人，都是一道独特的风景。你站在桥上看风景时，看风景的人在楼上看你。不必艳羡他人，家家都有一本难念的经。你该学会相信自己，再学会欣赏自己，试着把自己最亮丽的一面找出来，并呈现在阳光下。生命是自己的，除了必要的担当，更该为自己活着。

## 第二节　看清自己的本质

　　南岳怀让禅师有一名弟子叫马祖。据说，马祖在寺院里从早到晚都盘腿静坐，苦思冥想。怀让禅师知道了这件事后，便问他："你这样盘腿静坐到底是为了什么呢？"马祖答道："我想成佛。"

　　怀让禅师听完马祖的回答后，顺手拿起一块砖，蹲下身来，在马祖面前的地上用力地磨。马祖很是费解，于是问道："师父，你磨砖做什么？"怀让禅师回答道："我想把这块砖磨成镜子。"马祖又问："砖怎么可能磨成镜子呢？"怀让禅师又说："既然你说砖不能磨成镜子，那么你盘腿静坐又岂能成佛？"马祖问道："依师父的意思，我应该怎么做才能成佛呢？"怀让禅师打了一个比方，回答道："这件事就好比牛拉车子，如果车子不动，你是打车还是打牛呢？"

　　马祖之前脸上僵硬的表情立即放松了，他恍然大悟。很显然，当砖不具有成镜的特质时，无论你怎么磨都永远无法把它磨成镜子。这种道理同样可以用到人身上。

《太平广记》中记载了这样两则故事：

一监察御史文笔不行却爱好写文章，人家奉承他两句，他就拿出一部分工资请客。他老婆劝他说：你对文笔并不擅长，一定是那些同事在拿你寻开心。这位老兄想想是这么回事，就再也不肯出钱了。其他御史感觉到了，互相嘀咕道：人家后面有高人，不能再玩了。还有一位就不是这样了，作诗作得臭，别人刻意称赞来嘲弄他，他还当真了，杀牛置酒来招待人家。他老婆知道他那两下子，哭着劝他。没想到这位老爷以为是老婆在嫉妒他，竟然感叹道："才华不为妻子所容！"

前者虽不自知，一经人点拨，便幡然悔悟；而后者乃病入膏肓，竟连老婆也信不过，以为自己实在了得，所以愈加可笑可悲。《战国策·齐策》中的邹忌就很有自知之明，没有被旁人的吹捧搞昏了头，他说："妾之美我者，畏我也；客之美我者，欲有求于我也。"这里，他把吹捧者的内心揭示无余，因此也就不会被"妾"和"客"所涮。

世上之人多数都是凡人，然而，他们总是梦想做一个非凡之人。知物之好坏，从而希望得其精而弃其糟，恨不能网天下之精华，尽收己囊。如果你只知道要取物之精华而不知自己具不具备与之对等的能力，那将是你一生中最大的憾事。所以，人贵在有自知之明。

### 第三节 先求自度，然后度他

夕阳的余晖照在禅院里，一群小沙弥围着方丈席地而坐，方丈手持一把扇子悠然自得地摇着，偶尔有几只小鸟停靠在禅院的屋顶上婉转鸣叫。

小沙弥们唧唧喳喳地围着方丈问道："住持，什么样的人才能称得上是高僧、智者啊？我们如何才能成为高僧、智者呢？"

老方丈微眯着双眼，微笑着望着这群小沙弥，笑道："达摩祖师有一大群弟子，其中三弟子和小弟子两个人最受尊敬，世人都尊称他们两个为高僧、智者、大师。忽然有一天，达摩祖师把这两位弟子叫到跟前，让他们云游四方，普度众生。三子弟和小弟子欣然应允，于是，第二日两人就一起下山了。"

"那后来呢？"小沙弥们都着急想知道后面的事情。

老方丈停了停手中左右摇摆的扇子，继续说："后来，这两个人一边辛苦修行，一边做了很多好事。自然，也受到了人们不少的赞誉，只是两个人在助人时的性格迥然不同。三弟子助人时，一直都是默默无闻地去做，只要别人有需要，他都绝不吝啬。而小弟子就不一样了，他每隔半年就跑到深山老林里去。于是，大家都认为三弟子是勤快有修为的高僧，而小弟子就显得懒散许多，所以很长时间之后，人们对三弟子的评价远远比小弟子好得多。"

说到这里，老方丈故意停顿了一下，看了看小沙弥们的反应，然后接着说："很快20年的光阴过去了，达摩祖师也已圆寂。他的弟子们都继承了他的遗愿——行善助人，普度众生。而这时，三弟子的名声在所有弟子中最响亮，早就盖过了小弟子。又过了 10 年，三弟子的身体越来越差了，别说经常帮助别人，甚至连自己都需要他人照顾了。而此时，众人忽然发现，身边乐于助人的僧人越来越多了，而且都很年轻、有活力，似乎有用不完的精力，并且他们都有一个习惯，那就是每隔半年就跑到深山里去。于是，大家就想到了那名早年成名的小弟子。不久之后，人们果然发现自己的猜测是正确的。这些年轻僧人都尊称那名小弟子为师父。"

说到这里，老方丈又停住了，他看着围坐在自己身边的小沙弥们，问道："你们知道最后人们为什么喊达摩祖师的小弟子为高僧、智者了吗？达摩祖师的小弟子跑到深山里又去干什么了呢？"

小沙弥们想了想，纷纷说："他一定是去教弟子啦。因为他教了好多弟子，这些弟子都能在他老的时候继续帮助别人。"

老方丈摇了摇头，说："这不是主要原因。"

小沙弥们疑惑了，看着老方丈好奇地问："住持，那主要原因是什么呀？"

老方丈放下手中的扇子，说："达摩祖师的小弟子跑到深山老林里是去休息，去寻找快乐，去参悟佛法了。真正的得道高僧，真正被称为智者的人，不但要有一颗济世救人的佛心，更应该懂得休息，懂得享受快乐，懂得充实自己的头脑。一个僧人假如连自己都快乐不了，休息不好，那就是连自己都没有度好。既然连自己都没有度好，又怎么去度人呢？所以，要想做个真正的高僧，首先应该懂得快乐，先度自己，再度别人。"

小沙弥们似懂非懂，却做醍醐灌顶状。看着小沙弥们的样子，老方丈哈哈大笑。小沙弥们也笑了，瞬间，他们发现：这一刻，自己也成了高僧。①

中国传统文化的这一点非常重要："先存诸己而后存诸人。"先能够自救，自己先站起来，再辅助别人站起来。你自己度自己，救自己都救不了，怎么能够救别人？可是人年轻的时候总犯一个毛病，自己还不会爬，就想去辅助别人站起来，觉得自己很高明有很多的主意。

南怀瑾大师曾这样说过："我几十年经常跟年轻的同学在一起，很怕自己老了不懂事，因为跟不上年轻人就会不懂事落伍了，所以拼命跟着年轻人学习。几十年的经验觉得，年轻人永远跟不上我们，问题是什么？因为我们把他们的长处已经学到了，他们还没有把我们的经验学走。所以年轻人能够'存诸己'而站起来的，非常难。还是有这种人，那是非常特殊的，智能、能力都非常强的人。中国的传统文化，在庄子笔下写出来就是'古之至人，先存诸己而后存诸人'。这个原则，不只道家有，儒家孔孟思想主张'立己而后立人'，这个立，先求自己站起来，然后辅助别人站起来；道家是'存己而后存人'；佛家呢？'先求自度，然后度他'。所以古今中外圣贤的哲学是同一个路线，没有两样的。"

"先求自度，然后度他"，养成良好的习惯、品行，确立自己的人生观、价值观和世界观，成为一个有修养的仁者智士，然后才去帮助他人，为社会做贡献。

---

① 卢莉，墨墨.不生气.北京理工大学出版社，2011.1

## 第四节 自己解脱自己

### （一）

有个人感到非常苦恼，他背上行囊去找佛陀为他灭除苦难。佛陀听完他的诉说后，说道："真正能够解脱你的，只能是你自己。"

那人不解地问道："可是，我心中充满了苦恼和困惑啊！"

佛陀慈悲地解释道："是谁给你心里放进了苦恼和困惑呢？"

这个人沉思良久，没有说话。

佛陀继续开示："是谁放进去的，就让谁拿出来吧。"

这个苦恼的人终于明白：自己的苦恼不过是自己的一种执着，能够解脱自己的只能是自己了。

### （二）

一个人在屋檐下避雨，正好看见一位禅师撑伞从雨中走过。这人喊道："禅师，度一下众生吧，让我到您伞下带我一程如何？"禅师答道："我在雨中，你在檐下，檐下眼下无雨，你不需要我度。"这人听罢，马上走出屋檐，站在雨中说："现在我也身在雨中了，你该度我了吧？"禅师说："你我都在雨中。我不被雨淋，而你被雨淋，是因为我有伞而你没有。所以是伞度我，而不是我度你。你要被度，不要找我，请自己找把伞。"

那个人站在雨中被淋得浑身湿透了，到最后禅师还是没有度他。那人说道："不愿意度我就早说，何必绕那么大的圈子，我看佛法讲求的不是'普度众生'，而是

'专度'自己！"禅师听了，一点也没生气，心平气和地说道："想要不淋雨，就要自己找伞。真正悟道的人是不会被外物干扰的。雨天不带伞，一心只想着别人肯定会带伞，肯定会有人帮助自己的。这种想法最是害人。"

总想着依赖别人，自己不肯努力，到头来必定是什么也不能得到。自性是人生来就有的，只不过有的人还没有找到，平时不去寻找，只想依靠别人，不肯利用自己潜在的资源，只把眼光放在别人身上，这样怎么能够取得成功呢？

## 第五节　爱别人前先爱自己

每个人在诞生的那一天都收到一件生日礼物，这就是世界。那里面装满了作为人所需要经受的一切，不都是阳光与欢笑，也装满了许多痛苦和眼泪。它既包含着许多魔力、很多奇迹，也有很多混乱。然而，这正是它的意义所在，这就是生活。当你打开这件礼物，将自己置身于这个世界的时候，你将永不怀疑生活的价值和意义。

如果你不爱自己，你将永远不会去爱他人。一个人不可能十全十美，但这并不等于说他无关紧要。每个人都有一些别人不具备的东西。如果你面对你内心的自我，拍拍肩说："喂，这些年你究竟藏到哪里去了？现在我们来到一起了，让我们一块向前走吧。"那么，你将会发现你身上蕴藏着的潜力是无限的。

只有首先尊重自己，才能尊重别人；首先爱护自己，才能爱护别人。真正贵天下、爱天下的，也一定是贵自己、爱自己的。

《宋史》记载，章惇与苏东坡曾是好友。有一次，章惇与苏东坡同游南山，走到仙游潭，见仙游潭下临万仞绝壁，壁上有一块很短的横木，章惇请东坡到壁上题字作记。东坡俯身望一望潭下，烟雾氤氲，深不见底，当即摇头，连说不敢。章惇却从容走到潭边，吊下绳索攀着树，提起衣服就爬下去了，用毛笔在壁上大书："苏轼、章惇来。"然后攀树缘索，回到潭边，面不改色，神采依然。苏东坡拍拍他的肩膀说："君他日必能杀人。"

章惇不解，问："何以知之？"东坡说："能自判命者，能杀人也。"章惇听罢哈哈大笑。回来后，苏轼告诫朋友，"章惇不可交"。一个人既然连自己的生命都不爱惜，又怎么可能去爱惜别人的生命呢？轻贱生命之人，不可为友。苏轼预言："如果此人得势，一定不会把别人的生命放在眼里。这样的人心狠手辣，为达目的连命都能不要，还有什么事情做不出来，很有可能做出损人利己、祸国殃民的事情来。"朋友们听了，都只笑笑，摇摇头，以为他这是小题大做，危言耸听，没有一个人相信他的话。果然不出苏东坡所料，三年后，"能自判命者"章惇成为一代权臣，杀戮无数，连苏轼也遭其毒手，把苏东坡一贬再贬，贬至海南。简直欲置曾经的好朋友于死地！东坡一生屡遭政治陷害，对他下手最狠辣的大概莫过于章惇了。章惇成了北宋有名的奸臣小人，时人才皆知苏轼能辨友识人。

也算老天有眼，晚年的东坡终于得以北归，而章惇被贬岭南！章惇的儿子章援连忙给苏东坡写了一封信。章援的信凄凄哀哀，诚惶诚恐，他为了老父亲向苏东坡求情。他以为北归的苏东坡定能拜相，而拜了相的苏东坡大概不会忘记他父亲昔日的种种迫害，所以他满纸泪水地写信求情。苏东坡抱病回信，信中说："轼与丞相定交四十余年，虽中间出处稍异，交情固无所增损也。闻其高年寄迹海隅，此怀可知，但已往者更说何益，惟论其未然者而已。"在信中，东坡不仅把章惇认作老友，从而打消章援怕他向其父报复的顾虑，而且让章援转告其父如何储药养生。卧病在床不久就辞别人世的东坡，竟不惜耗费残余的一点心力精力去向仇人的儿子亲笔回信，还不厌其烦地转告这仇人如何保养身体。另外，苏轼还给章惇的外甥黄师是写信，要他转告章惇的母亲："海康地虽远，无瘴疠，舍弟居之一年，甚安稳。"爱自己的苏轼表现出超乎常人的胸襟气度。

一个不爱自己的人，很难真正认识自己。爱自己也是对自己拥有探索的兴趣，愿意对自己完全开放，坦诚与自己沟通，知道什么能真正使自己幸福和满足，也就是真正地认识自己。自爱不是自私，不是以自我为中心，也不是自大。自爱，是我们感受幸福的前提，也是爱他人的先决条件。只有爱自己，我们的心才能触摸到世界真实而深刻的一面。

婕，身材玲珑，聪明漂亮，极具个性，走到哪里都是焦点，领导器重，老公又帅又宠她……人们都羡慕她，她对自己也很满意。可是突然有一天，打不还手骂不还口的老公提出离婚，而且毫无挽回余地。之后的婕就像是变了个人，把从世界各地收集而来的个性服饰一股脑送给了小时工，自己则穿起了带花边的淑女装。她很快找了个男人结婚了。不是因为爱，她只是害怕错过之后就不再会有人要她。看着情感生活和职业生活变得一塌糊涂的婕，朋友们无法理解，为何一个男人的离去就能推翻她30多年积累的对自己的整个认识。

如果我们爱自己，自然也会爱别人。爱自己是一个人得以生存和发展下去的唯一力量。爱自己并不是爱一个理想化了的自己，而是爱构成自己的所有方面——自己的优点和缺点，自己的长处和短处，自己的梦想以及自身的一切矛盾。爱自己是：即使我们觉得自己很讨厌、很笨或者很难看，我也依然爱自己。

## 第六节 无我便是恭敬心

星云法师曾讲了这样一个故事：

五根手指开小组会议，主题是：谁是老大？大拇指首先威风凛凛地说："只要我竖起大拇指，就表示那是最大、最好的象征，所以我是老大。"食指不服气反驳说：

"民以食为天，人类在品尝美食时，一定要用我这根食指，所谓食指大动，因此我是饮食的代表。不吃饭，你们都不能存在，当然我最大。"中指也不可一世地说："五指我居中，而且最长，你们应该听命于我才对！"无名指优雅地说："我虽然叫无名指，但是人类结婚时的钻石戒指都套在我身上，我全身是名贵的珠宝，你们怎能和我相提并论呢？"

四指各自炫耀自己的伟大及重要性，只有小指默然不语。四根指头吵闹了一阵，发现小指的沉默，好奇地问他："你怎么不说话？"小指说："我最小、最后，我怎么和你们相比？"正当他们得意洋洋的时候，小指又说："但是合掌礼拜佛祖圣贤时，我是最靠近佛祖，最靠近圣贤的。"

社会上争做老大的人，屡见不鲜。真正的老大，不是用身份的高低、排名的先后去衡量的，而是一颗懂得恭敬别人、包容别人的心量。

妙祥法师曾详解什么叫恭敬心："什么是恭敬心？就是无我。只要是你没有我，就有恭敬心，有了我就有了慢心。处处无我，时时无我，你才有恭敬心。这是我的东西，这是我的录音笔，这是我布施的，这是我的床……你只要有一念我，你的恭敬心就不到位。

"我们处处无我才会有恭敬心。这个恭敬心是很好的，但也不好培养。它有一定难度，你将面临着很多的痛苦和忍辱。你没有下这个决心，想得到恭敬心也是不容易的。当然事情还得慢慢做，一点点做，从周围的小事做起，逐渐地扩大，才会有恭敬心。这个恭敬心每天都要有，包括我们起床以后，第一个念头就是要把事情做好，要努力，要生出感激心。

"过去在五台山，有一次碰到一个师父来受戒，他往里进，我往外出，我们俩眼看就要在门口碰着了。这个时候，我要是努力一步，就会出去，我先出这个门。但我没有做那种努力，而是主动退回，在旁边侧身一立，很恭敬地让他先进。这个师父当时是挺胸阔步，很有气势。如果计较他的态度，那我应该先出去，就不应该给他让路了。他越是这样的态度，我越要给他让路。

"让路还不算完，当吃饭的时候，也就是过斋，我去行堂。本来不该我行堂，我特意要行堂，特意要把饭亲手打到他跟前，恭恭敬敬地打给他，用这种方法来培养一个人的恭敬心。不是别人尊重你，你就尊重别人；别人不尊重你，你也不尊重他——那不是恭敬心。你越不尊重我，我越尊重你；你越尊重我，我也越尊重你，我只有一个——永远尊重别人。

"后来我有块手表坏了。本来我们俩并没有说过一句话，当他知道我的手表坏了，他就说：'我能收拾。'实际上他不能收拾，只不过想把它要过去，找人来替我收拾，后来我也没有给他。但是通过这个问题，我深深地体会到：你用一分恭敬心，必然获得一分恭敬。所以说，这个恭敬心应该时时有，每个小事情都要有。比如开门，俩人一起走时，你开开门，不是你要进，是让后边的人进，不管他是大人小孩。你端碗的时候，不是单手给人家，都要双手。"

伦理学专业博士生导师刘余莉教授曾在一次演讲中说道："在我上大学的时候，成绩非常的好，基本上每一次都是一等的奖学金。当时我在人民大学读书，这个一等奖学金意味着什么？就是你每一年的所有的学科考试都必须是优秀，如果你有一门不是优秀，那都是二等奖学金。正是因为自己的成绩很好，结果怎么样？走在路上目中无人，这个眼睛都是往上看的。结果每一次要评三好学生，现在也实行民主选举，同学要给大家投票，结果虽然成绩名列前茅，一投票的时候大家就都不投我。当时我是怎么想的？当时我就想，都是因为我的成绩太好，他们都嫉妒我，所以不投我的票。这一种想法一直持续到我真正接触了《弟子规》，听到了蔡老师的《细讲弟子规》，在讲座中他就提到了孔老夫子的一句话，他说'君子敬而无失，与人恭而有礼，四海之内皆兄弟也'。而我们现在走到哪里，不仅不能够体会到四海之内皆兄弟的这种境界，反而走到哪里，和哪里的人发生了矛盾，发生了冲突，发生了对立。"

"四海之内皆兄弟"，那是结果，原因在哪里？原因在于君子敬而无失，与人恭而有礼，也就是说我们做到了对别人都恭敬，没有任何的过失，对每一个人都彬彬有礼，你走到哪里，哪里就是你的兄弟姐妹。所以我们对别人要保持恭敬心，首先就要克服傲慢之心。中国人有一句话是"人道恶盈而好谦"。我们观察人际交往，人们一般都喜欢那个谦恭有礼的人，讨厌那个傲慢无礼的人。

# 第四章
## 静坐冥想，心志专一

人们认为专注就是要对自己所专注的东西说「YES」，但恰恰相反，专注意味着要对上百个好点子说「NO」，因为我们要仔细挑选。

## 第一节 专注意味着说 "NO"

法门寺要挑选一个小和尚当方丈的徒弟。寺院中所有的小和尚都认为这是一个提升自我的良好机会。

负责选拔的和尚强调，对被选中者最重要的要求是"能自我克制"。

"自我克制"这一要求在众僧中引起了广泛的议论，也引起了小和尚们和老和尚们的思考，自然也引来了众多竞争者。

每个竞争者都要经过一个特别的考试。

"能阅读吗？"

"能，师父。"

"你能读一读这一段吗？"负责测试的僧人把一本打开的经书放在小和尚的面前。

"可以，师父。"

"你能一刻不停顿地朗读吗？"

"可以，师父。"

"很好，跟我来。"负责测试的僧人将小和尚带入一间禅房，然后把门关上。

一个小和尚拿着他刚才答应能不停顿朗读的经书开始在那里读了起来。

朗读刚一开始，负责测试的僧人就放出几只可爱的小猫，小猫跑到小和尚的脚边。这太容易使人分心了！小和尚经受不住诱惑便要看看活泼的小猫。由于视线离开了朗读材料，小和尚忘记了自己的角色，读错了，当然他失去了这次机会。

就这样，负责测试的僧人淘汰了20个小和尚。

终于，有个小和尚不受诱惑一口气读完了。

方丈很高兴。于是，方丈问他："你在读书的时候是否注意过你的脚边有小猫？"

小和尚回答道："是，师父。"

"我想你应该知道它们的存在，对吗？"

"是的，师父。"

"那么，为什么你不看一看它们？"

"因为您告诉过我要不停顿地读完这一段。"

"你总是遵守你的诺言吗？"

"的确是，我总是努力地去做，师父。"

方丈高兴地说道："你就是我要的人。"①

人们认为专注就是要对自己所专注的东西说"YES"，但恰恰相反，专注意味着要对上百个好点子说"NO"，因为我们要仔细挑选。简单比复杂更难：你必须费尽心思，让你的思想更单纯，让你的产品更简单。但是这么做最后很有价值，因为一旦实现了目标，你就可以撼动大山。每个人都应当注意感受自己内心最向往的方式，然后竭尽全力地选择这个方式。

比尔·盖茨为了研究和电脑玩扑克的程序，简直到了如饥似渴的程度。扑克和计算机消耗了他的大部分时间。像其他所专注的事情一样，盖茨玩扑克很认真，他第一次玩得糟透了，但他并不气馁，最后终于成了扑克高手，并研制出了这种计算机程序。在那段时间里，只要晚上不玩扑克，盖茨就会出现在哈佛大学的艾肯计算

① 华君.尘世悟语 淡定与舍得的智慧.中国华侨出版社，2013.3

机中心，因为那时使用计算机的人还不多。有时疲惫不堪的他，会趴在电脑旁酣然入睡。盖茨的同学说，常在清晨发现盖茨在机房里熟睡。盖茨也许不是哈佛大学数学成绩最好的学生，但他在计算机方面的才能却无人能及。他的导师不仅为他的聪明才智感到惊奇，更为他那旺盛而充沛的精力大加赞叹。

## 第二节　静坐冥想提高效率

埃玛·盖茨博士是美国的大教育家、哲学家、心理学家、科学家和发明家，他一生中在各种艺术和科学上做了许多发明。

拿破仑·希尔曾带着介绍信前往盖茨博士的实验室去见他。当希尔到达时，盖茨博士的秘书告诉他说："很抱歉……这时候我不能打扰盖茨博士。"

"要过多久才能见到他呢？"希尔问。

"我不知道，恐怕要3小时。"她回答。

"请你告诉我为什么不能打扰他好吗？"

她迟疑了一下然后说："他正在静坐冥想。"

希尔决定要等，这个决定真值得。下面是希尔所说的经过情形：

"当盖茨博士终于走进房间时，他的秘书给我们介绍，我开玩笑地把他秘书所说的话告诉他，在他看过介绍信以后高兴地说：'你想不想看看我静坐冥想的地方，并且了解我怎么做吗？'于是他领我到了一个隔音的房间里，这个房间里唯一的家具是一张简朴的桌子和一把椅子，桌子上放着几本白纸簿、几支铅笔以及一个可以开关电灯的按钮。

"在我们谈话中，盖茨博士说他遇到困难而百思不解时，就走到这个房间来，关上房门坐下，熄灭灯光，让全副心思进入深沉的集中状态。他就这样运用集中注意力的方法，要求自己的潜意识给他一个解答，不论什么都可以。有时候，灵感似乎迟迟不来；有时候似乎一下子就涌进他的脑海；更有些时候，至少得花上两小时那么长的时间才出现。等到念头开始澄明清晰起来，他立即开灯把它记下。"

埃玛·盖茨博士曾经把别的发明家努力过却没有成功的发明重新研究使它尽善尽美，因而获得了 200 多种专利权。他就是能够加上那些欠缺的部分——另外的一点东西。[1]

在被信息淹没的数字时代中，人们常常面临这样的困境：要么注意力难以集中，感觉无所事事、烦躁不安，要么注意力过度集中，感觉紧张焦虑、疲劳过度——人们就在自己的倒 U 形注意力曲线上摇摆，难以找到最佳状态。

过去，提到无法集中注意力的问题时，总是以多动症患儿为代表。但是过去十年来，却发现越来越多成人也有这个问题。据统计，3% 到 7% 的美国成年人，都受到注意力无法集中的困扰。

---

[1] 张超 . 王阳明心学的智慧 . 石油工业出版社，2013.7

有这种困扰的人，通常同时需要应付许多事情。情况较轻微者，可能在工作时漫不经心，需要别人不断提醒，才不会忘记出席会议，或者准时完成工作。而情况较严重者，则可能会在办公室大发脾气，难以分辨工作及生活间的不同。

专家表示，仅有 20% 的人知道自己有这个问题，即使求助于医师，他们也常会被误诊为是过于忧郁或紧张。

如何注意力集中，是提高工作学习效率的关键。英国大学最近有一篇文章对注意力做出了详尽的分析。

1. 养成好习惯

养成在固定时间、固定地点专心学习工作的好习惯。

如果可能，在进入学习或者工作状态前做一些小仪式，比如摆个姿势，戴上学习帽什么的。就好像在运动前做准备活动一样，给身体一个提示。

2. 让头脑做好准备

避免在学习前做什么让你兴奋的事情。

在学习前，花几分钟平定思绪。

积极点，相信自己可以克服一切困难。

3. 循序渐进

花一点时间计划一下准备做什么。

把工作划分成可控制的小块，每次专心做好一块。

4. 保持活跃

采用多种形式，保持大脑活跃。学习的时候可以记笔记、划重点、自问自答、组织讨论、融会贯通、形象化概念等等。隔一段时间就换个主题做做，保持新鲜感。

5. 干一会儿歇一会儿

工作间隙休息一会儿对恢复脑力很有帮助。特别是在对付比较难、比较枯燥的问题时，可以缩短工作周期，比如干 20 分钟就小歇一会儿，如此循环。

6. 充电

长时间坐着会导致大脑缺血。休息的时候走一走，做做伸展运动，深呼吸，让大脑得到充足的氧气。

如果你是靠电脑吃饭的，别忘了休息眼睛。看看远处，放松眼部肌肉。

7. 学而时习之

好记性的秘诀就是多复习。重复是学习的不二法门。

8. 奖励自己

做完了就奖励一下自己，轻松一下。不过，如果你是电脑工作者，用看电视奖励自己可起不到什么好作用。

整个世界好像串通好了要一致阻碍你拥有专注力。每时每刻，你忙于应付外界的各种干扰。这种情况下，若你还能取得一星半点的成就，那简直是奇迹！要想改变这种手忙脚乱四处救火的情形，你必须集中注意力！从现在开始，认清对你来说最重要的事，排除一切无关干扰，集中注意力于其中。

## 第三节 心志专一的力量

年轻时的慧远禅师喜欢四处云游。有一次，他遇到了一位极爱抽烟的行人。两人走了很长一段山路，然后坐在河边休息。那位行人给了慧远禅师一袋烟，慧远禅师高兴地接受了行人的馈赠，然后他们就坐在那里谈话。由于谈得投机，那人便送给慧远禅师一根烟管和一些烟草。

与那人分开以后，慧远禅师心想，这个东西会让人感到很舒服，肯定会打扰我禅定，时间长了一定会恶习难改，还是趁早戒掉的好。于是，就把烟管和烟草全部都扔掉了。

又过了几年，慧远禅师又被《易经》迷上了。那时候正是冬天，天寒地冻。于是，慧远禅师写信给自己的老师，向老师索要过冬的寒衣。信写完后，他托人骑快马送到老师那里。

但是，信寄出去很长时间了，当冬天已经过去，山上的雪都开始融化时，老师还没有寄衣服来，也没有任何的音信。于是，慧远禅师用《易经》为自己占卜了一卦，结果算出那封信并没有送到。

他心想："《易经》占卜固然准确，但我如果沉迷此道，又怎么能够全心全意地参禅呢？"从此以后，他再也不接触《易经》之术。

过了不久，慧远禅师又迷上了书法，每天钻研，居然小有成就。当时有几个书法家也对他的书法赞不绝口。这时，他转念想到："我又偏离了自己的正道，再这样下去，我就很有可能成为书法家，而成不了禅师了。"

从此，他一心参悟，放弃了一切与禅无关的东西，终于成了禅宗高僧。①

---

① 智缘.心志专一，事有所成.《国学》，2012.6

　　树立了要达成的理想，就要全心全意地付出。如果发现自己的所作所为偏离了目标，就要及时返回。否则，当你越走越远时，再想回头，可能已经来不及了。

　　在非洲的马拉河，河谷两岸青草嫩肥，草丛中一群羚羊正在美美地吃草。一只狼隐藏在远处，竖起耳朵四面旋转。它觉察到了羚羊群的存在，然后悄悄地、轻手轻脚地、慢慢地接近羚羊群。越来越近了，突然羚羊有所察觉，开始四散逃跑。狼像百米运动员那样瞬时爆发，像箭一般地冲向羚羊群。它的眼睛盯着一只未成年的羚羊，一直向它追去。羚羊跑得飞快，狼更快。在追与逃的过程中，狼超过了一头又一头站在旁边观望的羚羊，但它没有掉头改追这些更近的猎物，而是一个劲地直朝着那头未成年的羚羊疯狂地追。那只羚羊已经跑累了，狼也累了，在较量中比的是最后的速度和坚持力。终于，狼的前爪搭上了羚羊的屁股，羚羊绊倒了，狼牙直朝羚羊的脖颈咬了下去，它捕获了今天的食物。

　　其实，一切肉食动物都知道在出击之前要隐藏自己，而在选择追击目标时，总是选那些未成年的，或老弱的，或落了单的猎物。在追击过程中，它为什么不改追其他显得更近的羊呢？因为它已很累了，而其他的羊一旦起跑，也有百米冲刺的爆发力，一瞬间就会把已经跑了百米的狼甩在后边，拉开距离。如果丢下那只跑累了的羊，改追一头不累的羊，自己已经累了，很难再追上其他任何一只羊，最后一定是一只也追不着。

　　狼与生俱来的专注能力告诉我们，无论从事何种工作，都不要朝三暮四。成功的法则其实也很简单，而成功者之所以少有，是因为大多数人认为这些法则太简单了，没有坚持，不屑于去做。这个法则就叫专注。

百度创始人李彦宏认为，百度的成功来自于"专注"，专注于搜索，专注于技术，专注于中国市场。"我是一个非常专注的人，一旦认定方向就不会改变，直到把它做好。"所谓"专注"，就是集中精力、全神贯注、专心致志。可以说，人们熟悉这个词就像熟悉自己的名字一样。然而，熟悉并不等于理解。从更深刻的涵义上讲，专注乃是一种精神、一种境界。"把每一件事做到最好"，"咬定青山不放松，不达目的不罢休"，就是这种精神和境界的反映。一个专注的人往往能够把自己的时间、精力和智慧凝聚到所要干的事情上，从而最大限度地发挥积极性、主动性和创造性，努力实现自己的目标。特别是在遇到诱惑、遭受挫折的时候，他们能够不为所动、勇往直前，直到最后成功。

## 第四节　渴求强烈才能心无旁骛

有一位自觉失意的年轻人来拜访僧人以求教智慧。

"年轻人啊，请随我一起来。"僧人这么说着，默默地向附近的湖走去。

走到湖边，僧人毫不犹豫地跨进湖里，向湖的深处走去。年轻人无奈，只好跟在他的后面。

湖渐渐深起来，水浸没到年轻人的脖子，可是僧人毫不介意年轻人那恐惧的目光，走得更远了。水终于浸没了年轻人的头顶。不久，僧人又默默地转回身，回到湖的岸边。

上岸后，僧人用揶揄的口吻问年轻人："现在你告诉我，潜入水下时，你有什么感觉？除了想上岸之外，还考虑别的事吗？"年轻人立即答道："我只想得到空气。"

僧人慢慢地说道："正是如此啊！要想求得智慧，就要像沉入水下时想得到空气一样强烈，才能获得啊。"

真正的智者应及时清除自己心灵的污垢，舍弃感官的享受，使内心没有挂碍。不仅是求得智慧，做其他事也是一样，要有强烈的欲望。这样，你就可以心无旁骛地向着既定的目标前进。

没错，目标就如同黑夜里的灯塔，它会告诉你该往哪个方向去。而你的欲望则会鞭策你坚持下去，指引着你向着光明继续前进。我们只有专心致志地做一件事情的时候，内心的目标才会越来越清晰，成功的欲望之火才能燃烧。

《福布斯》世界富豪、日籍韩裔富豪孙正义 19 岁的时候曾做过一个 50 年生涯规划：20 多岁时，要向所投身的行业宣布自己的存在；30 多岁时，要有 1 亿美元的种子资金，足够做一件大事情；40 多岁时，要选一个非常重要的行业，然后把重点都放在这个行业上，并在这个行业中取得第一，公司拥有 10 亿美元以上的资产用于投资，整个集团拥有 1000 家以上的公司；50 岁时，完成自己的事业，公司营业额超过 100 亿美元；60 岁时，把事业传给下一代，自己回归家庭，颐养天年。现在看来，孙正义正在逐步实现着他的计划，从一个弹子房小老板的儿子，到今天闻名世界的大富豪，孙正义只用了短短的十几年。

对成功的强烈渴求的动机就是高成就动机。高成就型动机并非与生俱来，而是源于后天的培养。麦克利兰认为个人对自己认为重要或有价值的工作，不但愿意去做，而且急于获得成功，力求达到完美地步。这种人竭力追求的是个人成就所带来的心理满足，而不是去追求由于成就本身所带来的报酬，他们谋求把事情做得比以前更好、更有效果。麦克利兰认为这种人是达到高度自我实现的人，成就需要或成就动机是人类独有的，既非由于先天的遗传，也非由于生理需要，而是在与他人的社会交往中学习而来的。成就需要可以创造出富有创业精神的任务，成就需要强烈的人由于时时想着如何把工作干得更好，往往能够做出成就。

具有高成就的动机之后，选择什么难度的目标才更容易实现呢？

从 1960 年开始，以麦克利兰为首的一批心理学家在哈佛大学进行了大量的实验，他们选择企业经理为研究对象，为了提高研究对象的成就需要，设计出一种"全压"训练班的方法。麦克利兰为训练班设定了四个目标：①教育参加者怎样像具有较高成就感的人那样思考、谈吐以及行事。②鼓励参加者为自己的今后两年设置出更高的、计划周密的现实工作目标，然后每六个月核查一次，检验他对自己预定目标的实现程度。③使用各种技巧使参加者了解自己，譬如向集体解释自己的行为，进而共同分析这一行为的动机，从而打破旧有的习惯和思维，重新审视自己的成就目标。④通过了解彼此之间的期望与担忧、成功与失败，在远离日常生活的全新环境中，经过共享一段经历，创造群体的团结精神和集体意识。最终，实验是成功的，参加实验的人员，程度不同地提高了其成就动机。

具有高成就动机的人在可以自主确定工作目标时，总会挑选难度适中的任务，偏于自己的能力所能达到的上限，而不会避难就易，但也不会不自量力。

以套圈游戏为例。如果在套圈游戏中允许每个人自行决定站立距离，那么，不同性格的人在不受干扰的情况下，选择的距离是不一样的。有人会为了避免失败而站得尽可能近，有人会不计较成败而随随便便站得过远，而具有"A型动机"的人（具有强烈成功动机的人）不会站得太近也不会太远。他们往往会认真测量距离，计算站立位置，做到使套圈既不会轻而易举，又可以在努力下取得成功。

## 第五节 定力才是真功夫

一日，弟子问禅师："师父，怎样才能使自己的身心得到清净呢？"

禅师微微一笑道："有个人听了算命的话，说他额头发光，当天就能成为富人，于是他就直接走到了人家的银楼里，当着人家的面去拿钱柜里的金银财宝，结果被人抓起来送到官府。县太爷问他：'你怎么敢在光天化日之下就拿别人的东西呢？'那人回答道：'我只看到了钱，没有看见其他人！'"

禅师接着说："在有禅心的人眼里，看到的都是尘埃！"

弟子又追问道："那怎么才能成佛呢？"

禅师厉声道："你在外云游，在庙宇与深山行走，可曾找到你的安身之处？如果只会攀山涉水地走来走去，那只不过在浪费草鞋而已，就等着阎王跟你收草鞋钱吧！"

弟子不依不饶地又问："那怎么才能成佛呢？"

禅师抚掌大笑道："好！意志坚定的人将你踏破的草鞋扔掉，光着脚行走，没有任何的束缚，没有任何的烦恼。不必为草鞋破了磨脚而担心，不必为了草鞋钱而担心；意志不坚定的人，心里挂念太多，忧虑太多，心里都被装满了，千门万户都封锁了，还安什么身，立什么命！"

弟子看了看自己的草鞋，灵光一闪，顿悟了。

"定力"是佛教用语。佛教中有"五力"，"定力"是"五力"中的一种。"五力"指五种能破除障碍、使人得到解脱的力量，包括"信力""精进力""念力""定力""慧力"。"定力"是清除烦恼、妄想的禅定力之一。唐代的钱起在《题延州圣僧穴》中说："定力无涯不可称，未知何代坐禅僧。"

"定力"不仅仅是坚强的意志，还是一种化险为夷的能力，是一种潜在的处变不惊的心智。心智的最高境界是能参透生死，坦然面对。一个有着强大定力的人，已经将一切尽收眼底，在这种心境下，无论风云如何变幻，他都能够怡然自得。①

---

① 庆裕.淡定的智慧.新世界出版社，2011.8

# 第五章
## 『莫忘初心』

在人生的过程中，那个『最初的目标』便是我们的宝贵自我——生命存在的意义和根据，丢弃了它，就只能像一个空壳人一样在这个世界上游荡。

## 第一节 见好就收，知难而退

佛下山讲说佛法，在一家店铺里看到一尊释迦牟尼像，青铜所铸，形体逼真，神态安然，佛大悦。若能带回寺里，开启其佛光，济世供奉，真乃一件幸事，可店铺老板要价5000元，分文不能少，加上见佛如此钟爱它，更加咬定原价不放。

佛回到寺里对众僧谈起此事，众僧很着急，问佛打算以多少钱买下它。佛说："500元足矣。"众僧唏嘘不止："那怎么可能？"佛说："天理犹存，当有办法，万丈红尘，芸芸众生，欲壑难填，得不偿失啊，我佛慈悲，普度众生，当让他仅仅赚到这500元！"

"怎样普度他呢？"众僧不解地问。

"让他忏悔。"佛笑答。众僧更不解了。佛说："只管按我的吩咐去做就行了。"

第一个弟子下山去店里和老板砍价，弟子咬定4500元，未果回山。

第二天，第二个弟子下山去和老板砍价，咬定4000元不放，亦未果回山。

就这样，直到最后一个弟子在第九天下山时所给的价已经低到了200元。眼见着一个个买主一天天下去、一个比一个价给得低，老板很是着急，每一天他都后悔不如以前一天的价格卖给前一个人了，他深深地怨责自己太贪。到第十天时，他在心里说，今天若再有人来，无论给多少钱我也要立即出手。

第十天，佛亲自下山，说要出500元买下它，老板高兴得不得了，竟然反弹到了500元！当即出手，高兴之余另赠佛龛台一具。佛得到了那尊铜像，谢绝了龛台，单掌作揖笑曰："欲望无边，凡事有度，一切适可而止啊！善哉，善哉……"①

在一些没有胜算把握和科学根据的前提下，应该见好就收，知难而退。在成功的道路上，我们一定要警惕，不能盲目，要听别人的意见。在这里，我们还要说一说一个演员的故事。这个演员由于抛弃了无谓的坚持，在奋斗的道路上不断地改变自己的方向，最终取得了辉煌的成功。这个演员，就是香港一代影后张曼玉。

张曼玉的成功尽人皆知。在她的成长道路上，她却曾经为她错误的坚持付出过不小的代价。刚进入演艺圈的时候，她还是个少女，那时，她只想在银幕上扮靓，只肯演妩媚动人的少女。演了几部电影之后，却没有得到预期的效果，观众不认可她的妩媚，不认可她演美貌少女时的表演。这个时候，圈里的人就劝她，以她的形象、演技，她应该有很大的发挥余地，如果尝试演一些其他的角色，也许会取得成功。这个建议本来是很好的，可那时，张曼玉很相信自己的演技，也相信自己的相貌，相信自己的青春。于是，她固执己见，继续演少女。就这样又演了几部戏，结果，还是没有取得预期的成功。

屡遭挫折之后，她终于放弃了那些无意义的坚持，决定改变戏路。于是，一个接一个全新的角色出现了。从《新龙门客栈》里的老板娘，到《宋庆龄》里的宋庆龄，从《一门喜事》里的新娘子，到《甜蜜蜜》里的打

---

① 乔飞.30几岁要想得开追求淡定的人生境界.当代世界出版社，2011.1

工妹，从《济公》里的放荡妓女，到《青蛇》里可爱的"青蛇"，她角色多变，演技出色。张曼玉终于成功了。

这些角色的出演，给张曼玉带来了巨大的声誉，她连续四次获香港金像奖最佳女演员奖。可以说，她获得了辉煌的成功。而这成功，当然得归功于她及时放弃了无意义的坚持。①

著名的哲学家安冬尼曾说过："首先到达终点的人往往不是跑得最快的人，而是那些集智慧和力量于一身的、会做出明智选择的人。"

## 第二节　无目标比有坏的目标更坏

我们每天总是过得如此忙碌，从早到晚没有一刻停息，直到夜深了躺在床上，才舒缓一口气：我们一生也是忙得如此无厘头，从年少忙到年老，直到躺下了，才惊觉这一生过得如此匆忙而不值。

这样的日子，感觉上是活着，实际上却是做梦，为什么呢？想想昨夜的梦和昨日的工作，梦好像是假的，但梦境中被坏人追杀得满头大汗，吓醒后心脏仍怦怦地急跳个不停，这是假的吗？昨天的日子虽然过得很充实，和朋友喝了一盏下午茶，如今想来却是如梦如幻了不得，这是真的吗？

庄周梦蝶，不知蝶是庄周抑庄周是蝶。梦和现实要

---

① 郭宇君.学会宽心：不染纤尘心坦荡.北京工业大学出版社，2011.5

怎么分辨呢？如果没有带着觉性过日子，生活就是白日梦；如果带着觉性做梦，梦也是真。你是一个清醒的人还是梦中人，其差别就在于日常生活中是否时时保有觉性。

哈佛大学曾对一群智力、学历、环境等客观条件都差不多的年轻人，做过一个长达25年的跟踪调查，调查内容为目标对人生的影响，结果发现：

27%的人，没有目标；

60%的人，目标模糊；

10%的人，有清晰但比较短期的目标；

3%的人，有清晰且长期的目标。

25年后，这些调查对象的生活状况如下：

3%的有清晰且长远目标的人，25年来几乎不曾更改过自己的人生目标，并向实现目标作着不懈的努力。25年后，他们大多成了社会各界顶尖的成功人士，他们中不乏白手创业者、行业领袖、社会精英。

10%的有清晰短期目标者，大都生活在社会的中上层。他们的共同特征是：那些短期目标不断得以实现，生活水平稳步上升，成为各行各业不可或缺的专业人士，如医生、律师、工程师、高级主管等。

60%的目标模糊的人，大都生活在社会的中下层面，能安稳地工作与生活，但都没有什么特别的成绩。

余下27%的那些没有目标的人，大多生活在社会的最底层，生活状况很不如意，经常处于失业状态，靠社会救济度日，并且时常抱怨他人、社会以及这个世界。

调查者因此得出结论：目标对人生有巨大的导向性作用。成功，在一开始仅仅是一种选择，你选择什么样的目标，就会有什么样的人生。

为什么大多数人没有成功？真正能完成自己计划的人只有 5%，大多数人不是将自己的目标舍弃，就是沦为缺乏行动的空想。①

一艘没有舵的小船就好比是一个没有目标的人，它永远只会在迷途中漂流不定，即使侥幸到达了对岸，那里也是充满了失败、失望和沮丧。因此，我们必须找准目标。

美国西点军校的教材里有这样一个故事：

一支远征军正在穿过一片白茫茫的雪域，突然，一个士兵痛苦地捂住双眼："上帝啊！我什么也看不见了！"没过多久，几乎所有的士兵都患上了这种怪病。这件事在军事界掀起了轩然大波，直到后来才真相大白，原来致使那么多军人失明的罪魁祸首居然是他们的眼睛，是他们的眼睛不知疲倦地搜索世界，从一个落点到另一个落点。如果连续搜索世界而找不到任何一个落点，眼睛就会因过度紧张而导致失明。在一片白茫茫的雪域中，士兵找不到一个确定的目标，而导致眼睛失明。

人生也是这样，目标太多等于没有目标，没有目标，人生也就一片黑暗。

人生目标的实质就是个人"愿景"，思想有多远，我们就能走多远。当英国作家萧伯纳还是一个小小的政府职员的时候，每天规定自己写一篇短文，多年的坚持

---

① 程超 . 智慧人生：宽心、包容、舍得 . 黑龙江科学技术出版社，2010.9

最终成就了他的事业。清代名臣曾国藩说："第一要有志，第二要有恒，有志则断不甘为下流，有恒则断无不成之事。"有志就能树立远大目标，有恒就能制订计划，坚持不懈地行动，今天的目标必将变成明天的现实。

卡耐基曾说过，毫无目标比有坏的目标更坏，因为没有目标未必是这个人无所事事，而是他很可能无所作为。

## 第三节 不要忘记最初的目标

某日，寺院要扩建殿堂，有一棵珍贵的银杏树需要移栽到别的地方。方丈命他的两个弟子去做这件事，办好后回来复命。两人来到树前开始挖土移树，但刚挖了几下，一位小和尚就对另一位说："师兄，我这把铁镐木把坏了。你等着，我去修一下再挖。"师兄劝他移完树再修不迟，他说："那怎么行？用这样的镐要挖到什么时候呀！"于是小和尚去找木匠借斧头，木匠说："真是不巧，我的斧头昨天砍东西弄坏了，就让我用菜刀给你修一下吧。"小和尚听了说："那怎么行，用刀修得又慢又不好，让我去找铁匠把你的斧头修一下吧。"小和尚带着斧头去另一个村子找到铁匠，铁匠苦笑着对他说："我的木炭刚用完，你看……"小和尚放下斧头，又去山中找烧炭的人，烧炭的人对他说："我已经好多天没有烧炭了，因为找不到牛车去把木料运到这里来。"小和尚又去找一位专运木料的车把式，车把式说："你看我的牛生病了……"

几天之后，当僧人们经过四处打听找到这位小和尚时，他正提着几包草药匆匆从一个集镇向车把式的村子中赶。大家问他买药干什么，他说为牛治病，又问他为牛治病干什么，他说要用牛车运木料……挖树的事，他早已忘到九霄云外了。

在我们的生活中，每个人都会遇到或者经历这样的事。认认真真忙碌，辛辛苦苦奔波，到最后听到有人问"你在干什么"时，却惘然不知如何作答，因为在目标的不断转换中，那个最初的目标早已渐渐模糊以至消失了。

在人生的过程中，那个"最初的目标"便是我们的宝贵自我——生命存在的意义和根据，丢弃了它，就只能像一个空壳人一样在这个世界上游荡。

无论遇到多少困难和曲折，也不论走出有多远，都不能忘记来时的路，因为我们必须有个家，必须回家。

初心，即"初学者的心"，日文里的"初心"一词，意思是"初学者的心"。禅修的心应该始终是一颗初心（初学者的心）。那个质朴无知的第一探问（"我是谁？"）有必要贯彻整个禅修的历程。初学者的心是空空如也的，不像老手的心那样饱受各种习性的羁绊。他们随时准备好去接受，去怀疑，并对所有的可能性敞开。只有这样的心才能如实看待万物的本然面貌，一步接着一步前进，然后在一闪念中悟到万物的原初本性。初心是道元禅师爱用的词语。

假如你只读过《心经》一遍，可能会深受感动。但如果你读过两遍、三遍、四遍，甚至更多遍呢？说不定你会失去对它最初的感动。同样的情形也会发生在你的其他修行上。起初有一段时间，你会保持得住初心，但修行两三年或更多年之后，你在修行上也许有所精进，但本心的无限意义却相当容易会失去。

我们必须归复自己无边的本心。只有这样，我们才能忠于自己、同情众生，并且切实修行。所以，最难的事就是保持初心。对于禅，我们用不着有深入的了解。哪怕你读过很多禅方面的经典，你也必须用一颗清新的心去读当中的每一句话。你不应该说"我知道禅是什么"或者"我开悟了"。这也是所有艺术真正的秘密所在——永远当个新手。这是非常要紧的。①

## 第四节 做事要选定目标

一天，弟子们和禅师一起在田里插秧，可是弟子插的秧总是歪歪扭扭，而禅师却插得整整齐齐，就像是用尺子量过一样。

弟子们感到很疑惑，就问禅师："师父，你是怎么把禾苗插得那么直的？"

禅师笑着说："其实很简单。你们在插秧的时候，眼睛要盯着一个东西，这样就能插直了。"

于是，弟子们卷起裤管，高高兴兴地插完了一排秧苗，可是这次插的秧苗，竟成了一道弯曲的弧线。

---

① 【日】铃木俊隆著，梁永安译．禅者的初心．海南出版社，2010.6

这是怎么回事呢？弟子很是不解。于是，禅师问弟子道："你们是否盯住了一样东西？"

"是呀，我盯住了那边吃草的水牛，那可是一个大目标啊！"弟子们答道。

禅师笑着说："水牛边吃草边走，而你在插秧苗时也跟着水牛移动，这怎么能插直呢？"

弟子们恍然大悟。这次，他们选定了远处的一棵大树。插完一看，插的秧果然都很直。

做事要选定目标，但如何选择目标，选择怎样的目标也是关键。要想把事做成，就要选择正确、合理的目标。只有这样，才能更有效率地把事完成，实现既定的计划。

一个人只有正确地认识自己，才能充满自信，才能使人生的航船不迷失方向。一个人只有正确地认识自己，才能正确地确定一生的奋斗目标。而有了正确的人生目标并充满自信地为之终生奋斗，即使不成功，自己也会无怨无悔。

一个人的成功在某种程度上取决于自己对自己的正确定位。如果你在心目中把自己定位成什么样的人，你就会成为什么样的人。

反过来说，就算给自己定位了，如果定位不切实际，或者没有一种健康的心态，也不会取得成功。一位经常跳槽最后一无所成的博士这样感叹，如果能以对待孩子的耐心来对待工作，以对待婚姻的慎重来选择去留，事业也许会是另一番景象。世界上没有全能的奇才，我们充其量只能在一两个方面取得成功。在这个物竞天择的年代，只有凝聚全身的能量，朝着最合适自己的方向，专注地投入，才能成就一个卓越的自己。

　　如果我们不清楚自己该做些什么，那么再多的努力都是白费的。这与为了一个不可能达到的目标而花费精力没有什么区别。找到属于自己的路，清楚自己应该做什么，才是最好的定位。

第六章

身心安顿的力量

任何职业皆为佛行，人人恪守其业，各敬其业，即是成佛。面对工作，面对生活，一颗佛心（直心、爱心）就足以承当，使心知佛，百工之人必尽其业，皆与世界有情有所利益，这本是禅文化的使命和任务。

## 第一节 做好本职，也是修行

一天，有一位女士来找秀峰禅师，抱怨工作得很辛苦，上司给的压力太大，下属又不懂合作，所以工作得很辛苦，她想不如去出家好了，以后就不用再面对这些工作上的烦恼了。

秀峰禅师听了之后对她说："生活不就是修行吗？你可知道，现在对工作生厌就想出家，如果对出家也生厌了，那又怎样？"

她的反应是"哦！"就无言以对了。

秀峰禅师便开导她说："你要明白你在公司的职责，如果生活你都应付不了，去寺院你又应付得了吗？例如寺院生活的清规或刻苦等。你要明白为什么公司要雇用你，为什么你的上司要赏识你？你的职责就是为公司解决难题，所以你要做好你的职责，你可以尝试去了解你上司的烦恼，如果你明白了，你就会懂得处理他现在面对的难题。你觉得很难交给下属去处理工作的情况也一样，譬如你做衣服，你有什么要求，你要清晰地告诉对方。对方明白，才可以按你的要求去做。其实，生活就是修行，做好工作、完成我们的职责也是修行。不要一味地抱怨上司和下属，只要做好我们的职责，这就是入世修行的不动心！"

女士听完这番话后，面上重现喜悦的神色，顶礼而去。

一生中，我们都会遭遇困难时期。不管你搞定了多少麻烦事，总会有更多的事等待着你去处理。

　　这其实并不是一件坏事，只要你把生活看成是一个不断提升的旅程，那么这就不是一种自暴自弃的态度。如果生活的目的总是为了提高自我，我们就需要一个行动计划来使我们始终可以攻克任何我们开始着手攻克的事情。这就接近我们要得到的，这可以适用于大多你喜欢的事情。

　　某医院神经内科护士长秦燕是一位严格遵循科学的护理工作者，同时也是一位虔诚信佛、心存善念的人。神经内科的护理工作非常辛苦，面对的绝大部分都是有身体瘫痪、长期卧床的老年患者。护士除了平常的打针输液，还要给一些患者做口腔护理，康复理疗。在一些家属或陪护忙不过来的时候，护士帮忙给病人换被屎尿弄脏的衣裤更是常事。从上班到下班，这样的工作几乎没有停歇的时候，即便空下来，也得抓紧时间写护理记录。而就是这样一个繁琐的工作，秦燕干了整整 30 年。秦燕是一个虔诚的佛教徒，但她认为，修行不一定要在寺庙，认真做好本职工作，帮助患者早日康复就是最好的修行。而她的修行还远远不止这些，遇到经济困难的患者，她会主动捐钱捐物；看见因病失去生活信心的患者和家属，她又化身"知心大姐"，耐心开导……"行善便是修行。"这是秦燕常挂在嘴边的话。

## 第二节 工作场即道场

　　　百丈禅师经常与弟子一起劳动，锄草、种地、收割、打麦无所不能，即使到了80高龄，仍然坚持不辍。

弟子们见他年纪大了，怕他劳累，劝他休息，可他就是不听。

弟子们思来想去，终于想出了一个办法：如果把师父的劳动工具藏起来，他找不着工具，就不会去劳动了。

这天吃过早饭，百丈禅师习惯地去拿工具，然而任他怎么找，也找不到一件工具。

百丈禅师当日没有做工，也没有吃东西，第二天仍然如此。

弟子们为此议论纷纷，说："师父是因为我们藏了他的工具而生气了。"最后大家商议，还是把工具放回原处。

第三天早晨，他们悄悄地放回了工具。于是，百丈禅师又开始工作，同时也开始吃东西了。

到了晚上，他对大家训示说："一日不作，一日不食。"


表面上看，这句话是说一天不工作，一天不吃饭。深一层的含义则是，一天不修行，一天不吃饭。

百丈禅师在当时所倡导的农禅并重的丛林制度，对当代和后世的农业经济社会起到了重大深远的影响，尤其对日本的经济社会更起到关键性的作用。

日本人活学活用了中国的禅文化，把禅文化的精神充分地融到他们自己的文化之中。其中最典型的是铃木正三。比如说，农民要学"佛"，而且要有佛行，对于农民而言，可以说完全没有这种时间，那么要怎么办才能使农民学佛又有佛行呢？铃木提出了一个了不起的口号：农业就是行愿，就是学佛。如果像一般人只有利用闲暇时才去修行的话，这是完全错误的。农民应视农业本身为修行，不论严寒与酷暑，均要行其艰苦之业。也就是说，不管三九也好，三伏也好，都应该以农业为本生才是修行，才是学佛之道。

因此，铃木提出能在严寒酷暑中做艰苦之业时，诸多烦恼之心就已经转化成大人之觉。这就是农人以锄镰尽心勤勉播种、耕作、收割的学佛和佛行之道。铃木的农民学佛之道，正是受到唐代百丈禅师农禅并重的启发和影响。

铃木和后来的日本企业家都提倡一个响亮的口号：工作坊就是道场。正如铃木所说，从实事结合生活，就是佛行，农人又何必再求其他的佛行呢？这种实事求是的社会修行，远比那些皓首穷经、徒老修行的僧侣更可贵。

铃木还强调任何职业皆为佛行，人人恪守其业，各敬其业，即是成佛。面对着工作，面对着生活，一颗佛心（直心、爱心）就足以承当，使心知佛，百工之人必尽其业，皆与世界有情有所利益，这本是禅文化的使命和任务。①

噶玛龙多仁波切活佛曾说过这样一段话："有弟子从日本回来，和我讲起了日本有一种修行的学派，叫石门心学。据他说，石门心学强调众生的平等，不管你是做政府公务员还是做商人，本质上都是一样的，都是平等的，你都在创造价值。而且，正是因为这种平等性，

---

① 王绍璠.日本企业精神的启示：禅文化如何成就经济强国.凤凰网华人佛教，2011.5

所以你需要认真地对待你的工作，至真至善，并且借这一份工作了解事物的本相、世间的真理。我这位弟子很有慧根，他告诉我，石门有一个观点，如果只是读书，那是永远悟不了道的，你必须要有一份工作、有一份职业，一丝不苟地去做、去磨炼砥砺自己，才可能达到悟道的境界。而且他认为，悟道是一个永远精进的过程，是终其一生的修炼过程。我听了很受启发，这些心法，其实为大家做事情要不断地精益求精，打下了很有意思的心理基础。现在很多企业提出追求卓越，什么叫追求卓越？就是今天做得非常好了，你认为已经做到100分了，明天你没有理由不拿101分。所以，不可能存在小富即安、小富即懒的问题。今天，从管理学的角度来看，其实这就叫企业家精神。企业家跟致富的人还是有一个很大的不同，企业家也可以致富，但是致富的人不一定是企业家。所以只要一息尚存，你都要不断地修炼。"

日本企业家稻盛和夫《活法》一书中有句话非常独到："人哪里需要远离凡尘？工作场所就是修炼精神的最佳场所，工作本身就是一种修行。只要每天确实努力工作，培养崇高的人格，美好人生也将唾手可得。"能把工作当作修行，这是工作的至高境界，我想应该很少有人能领悟，也很少有人能真正达到这种境界。这也许就是稻盛和夫的成功之道。

至于如何利用工作场修炼，美国洛杉矶禅修中心的第三代传人夏绿蒂·净香·贝克曾这样回答人们的疑问："工作是禅的修行与训练的最佳部分。不论我们的工作是什么，都应该尽心尽力把眼前的一份做好。我们若是正在清洗烤箱，就应该全神贯注地清洗，同时注意任何打扰这工作的念头：'我恨死了清洗烤箱！阿摩尼亚的味道真难闻！谁会喜欢呢？我受了这么多教育实在不应该做这个！'这些都是和清洗烤箱毫无关系的附加念头。我们一边做着实际的工作，另一边又起了这许多乱糟糟的念头。当我们心思开始飘移的时候，把它转回工作上面。其实工作就是把此刻所需要做的事情做好，然而很少人这么做。在我们很有耐心地修禅以后，工作就会开始变得很顺利，我们只是在做我们需要做的事而已，不再起各种无关的念头。不论大家过的是什么样的人生，我都鼓励你们把它当作你们的修炼道场。"

## 第三节 身心安顿的力量

一个小沙弥随侍景岑禅师多年，一直逍遥自在，从来没有问过悟道的道理。景岑禅师也很高兴这一点，他有时反而想：这沙弥的无心也许就是一种境界。他就一直留这沙弥在身边。一切就这样悠悠地过着，像天上的白云、洞庭的湖水一样自由、平静。

有一天，小沙弥突然问道："师父你总是在讲平常心、平常心，到底平常心是什么呢？"禅师听了这样的问题，心里想原来沙弥并不是"无心"呀。他就开导沙弥说："平常心就是，要睡时就睡，要坐时就坐。"

沙弥想了想，还是说："我不明白。"

"热的时候，你干什么？"禅师问。

"乘凉啊。"沙弥说道。

"冷的时候呢？"禅师问。

"当然是取暖了。"

小沙弥回答着，心中若有所悟。

要睡时睡，要坐时坐，热时乘凉，冷时取暖，这便是身心安顿。一个人经历过大喜大悲、生死荣辱之后，就会抵达一种心灵安顿、至纯至净的无我境界，即"身心安顿"。

中国文化给人的感觉一直是沉稳、含蓄的，就如太极拳般心平气和、不急不躁。《论语》中说："欲速则不达，见小利则大事不成。"但是，当今社会，经济正在高速发展，物质生活水平不断提高，不少人似乎少了耐心，多了急躁；少了冷静，多了盲目；少了脚踏实地，多了急于求成……在市场经济的大背景下，很少人能按捺住自己驿动的心，守住自己可贵的孤独与寂寞，更多人变得越发浮躁和急功近利。

星云大师表示："浮躁是一种情绪，一种并不可取的生活态度。'浮躁'指轻浮，脾气急躁，做事无恒心，不安分守己，见异思迁，总想投机取巧。浮躁者对现有目标的关注度不够、耐心度不足，对现有的目标抱有不切实际的想法和希望。浮躁不仅是人生最大的敌人，而且还是各种心理疾病的根源。浮躁的人的心灵深处，总有那么一种力量使他们茫然不安，让他们无法宁静。"

一个身心安顿的人，可以进入一种自在超然的状态，不再受到物欲世界的诱惑和烦扰。无论面对幸福、快乐、苦难抑或悲伤时，都可以安心即往，活出一个真实的自己。

## 第四节 做好当下事

有一个很容易心烦的人，听说有种智慧能让人身心安顿，自在过日子。为了摆脱无边无际的烦恼，他决心追求这种智慧，他向一千个人询问过，走过一千里的路，甚至还爬过一千座山，经历了千辛万苦，就为了追寻能让他解脱的智慧，但始终没能如愿。

终于，他又听说有一位通晓古今中外的智者，能掌握这种让人身心安顿的智慧。于是他又背起行囊，走了很长的路，翻过两座山，好不容易来到智者在深山里的小木屋前。

他找到这位智者时，智者正在屋子外面煮稀饭。

追求智慧的人对着正在煮稀饭的智者，诉说着自己有多么渴望能身心安顿，又为了追求这份自在而经历了多少苦难。

但不管他如何恳求，智者始终不发一言，只是静静地煮着稀饭。

一直到饭煮好，他才抬头问追求智慧的人吃过饭了没有。

追求智慧的人愣了一下，然后说："因为急着赶路到这里向您请教道理，今天还没来得及吃饭。"

智者就盛了一碗稀饭给他，要他立刻吃，有什么事吃完再说。

追求智慧的人心想，智者不但有智慧，而且仁慈，准备等他肚子饱了，才要给他讲身心安顿的大道理，于是急急忙忙地吃了稀饭。他一吃完，又迫不及待地再次向智者请求指点。

智者就叫他把碗拿去洗一洗。

此人这下真是急了，说："我历经千辛万苦才到了这里，向您寻求身心自在的智慧，您怎么老用琐事搪塞呢？"

智者看了他一眼，说："你能把碗洗得干净，就懂得我的道理了。"

智者的道理是什么？

很简单，就是放下心中所求，活在当下，把眼前的事一样一样地做好。

身心的安顿，就在我们所吃的每口饭和所喝的每口水里。吃饭的时候就吃饭，睡觉的时候就睡觉，扫地的时候就扫地，休息的时候就好好休息，工作的时候就认真工作。

如果在每个当下，都能确确实实地过好，身心又如何不安顿？①

把当下的事情做好，把每一天都做好，把结果交给佛陀。但当你把一切你所能改变的都做好，佛陀不会亏待你。

一个飞机场的问询大厅中有一位服务员，无论在人多还是人少的时候，她都能有条不紊地处理，从来就没有出现过因为人多而发脾气、使乘客感到不如意的情况，当有人问她是如何办到的时候，她的解释是，在处理面前的乘客的时候，无论其他人如何着急，都不会搭理他，只有当完成对面前这位乘客的服务之后，才会来处理下

① 王筱君.紧握未必真正拥有，放下才能得到更多.时代文艺出版社，2013.1

一位。先前过去的乘客无论有什么简单的疑问，也不会管他，只有等到下一次机会。

很多人所犯的错误就在于处理的事情太多，千头万绪，每一件事情都开始了，但没有一件事情是已经完成的，这样就造成了有很多事情在等着你去做，各种事情交叉在一起，所以就会焦头烂额。现在我们可以清醒许多，是应该理一理头绪的时候？找出最重要的、应该尽快完成的，做好一件之后再去做下一件。

## 第五节 不要嫌事情太小

"给我的都是什么工作呀，我一直在用黄色的丝绒编织，却突然又要我打结、把线剪断，这种事情太简单了，也没有实际的意义，真是在浪费时间，我想做一些复杂而又有意义的事情。"这是一位年轻修女的感叹。自从她进入修道院以后，一直从事织挂毯的工作，做了几个星期后，她再也不愿意从事这种简单又乏味的工作了。身边一位正在织毯的老修女说："孩子，你的工作虽然简单，要真正做好了可不是一件容易的事呢。你织出的很小一部分也许就是非常重要的部分。"

在老修女的带领下，年轻修女来到工作室里，看到了摊开的挂毯。她呆住了：原来，她编织的是一幅美丽的《三王来朝》图。黄线织出的那部分是圣婴头上的光环。她没有想到，在她看来简单无聊的工作竟是这么伟大，要想成功地织出一幅完美的挂毯可不是一件容易的事情。她庆幸自己并没有因为事情简单就随意编织。

　　一个人很职业，不在于他是否穿着职业装，也不在于他是否有一套套的先进管理理论，而可能在于他认真、规范、高效率地做好一件件的小事：如果他出差在外，哪怕再迟，也要完成当天的出差报告；如果他访问客户，他会认真地填写每一个客户资料；如果做市场调查，他会详细地挖掘每一项数据；如果他组织会议，他会精心准备每一页的会前材料；如果他做开发，他会兢兢业业地编写每一个代码、撰写文档……将身边简单的小事做好了，才能做好大事。

　　生活中的很多事情，看起来都是小事，但有些时候却往往做不好。其中原因就在于，我们都把这些简单的小事看得很容易，做事时漫不经心，在生活中不当一回事，当然也就无从做好。其实"简单"不等于"容易"，只有处处严格要求自己，才能给自己一个满意的结果。

　　在宝洁公司刚开始推出汰渍洗衣粉时，市场占有率和销售额以惊人的速度向上飙升，可是没过多久，这种强劲的增长势头就逐渐放缓了。宝洁公司的销售人员非常纳闷，虽然进行过大量的市场调查，但一直都找不到销量停滞不前的原因。

　　于是，宝洁公司召集了很多消费者开了一次产品座谈会，会上，有一位消费者说出了汰渍洗衣粉销量下滑的关键，他抱怨说："汰渍洗衣粉的用量太大。"

　　宝洁的领导们忙追问其中的缘由，这位消费者说："你看看你们的广告，倒洗衣粉要倒那么长时间，衣服是洗得干净，但要用那么多洗衣粉，算计起来更不划算。"

　　听到这番话，销售经理赶快把广告找来，算了一下展示产品部分中倒洗衣粉的时间，一共3秒钟，而其他品牌的洗衣粉，广告中倒洗衣粉的时间仅为1.5秒。

也就是在广告上这么细小的一点疏忽，对汰渍洗衣粉的销售和品牌形象造成了严重的伤害。

简单并不容易。苹果产品简单易用，但其中有多大的技术含量，内行人都会知晓。乔布斯曾这样说过："在苹果电脑的第一份宣传材料上，大家可以看到一个苹果的图案。简单的一个水果图形——苹果：如此简单的图案呈现出极高的工艺水平。当你开始注意到一个问题，并且认为该问题看起来似乎十分简单时，意味着你很可能根本不了解问题的复杂性。唯有深入问题的核心，才能明白其复杂性，也才能找出其根本的解决方案。这就是我们在设计 Macintosh（麦金塔）电脑时的野心。"

在乔布斯看来，完美产品设计的最高境界，是所谓看不见的设计。乔布斯在意电源开关显示的亮度与颜色，在意电源线的设计，甚至连电脑内部线路的安排也赏心悦目。因为这些细节的视觉与触感，让苹果电脑的产品独树一帜。

小事简单不等于容易。注重细节是一种能力，"关照小事，成就大事"。

中篇

# 宽容

面对纠纷，大多数人以为，只要我不原谅你，你就没有好日子过，就可以让对方得到一些教训。实际上，真正倒霉的人是我们自己，莫来怨气、寝食难安，积出病来。

怨恨一个人的时候，不妨闭上眼睛，感受一下自己，你会发现：让别人自觉有罪，你也不会快乐。宽容是一种胸怀，一种睿智，原谅别人就是给自己的心灵撑起一把伞，挡住伤害，留下温情。这温情不但温暖自己，也让世界越来越温暖。

"大海成汪洋之势却以其低而纳百川，天空展无垠之域然以其高而容日月。"一个人只有以大海之低和天空之高的胸怀，容人所不能容，忍人所不能忍，处人所不能处，才能最终超然于纷繁、宣杂的世俗之上，健康快乐，从容潇洒，同时也使自己的人生丰富、博大起来。

因此，可以说宽容又是一种生存的智慧。

# 第七章
## 宽容别人就是善待自己

日常生活中，我们往往会无意间伤害到别人，有时也会受到他人的伤害。受伤害肯定就有疼痛，如果你不小心受到别人的伤害时，请努力试着让自己大度一点，即使你的理由很充分，也不要得理不饶人。

## 第一节 宽容从心开始

在暴风雨后的一个早晨，一个男人来到海边散步。他一边沿海边走着，一边注意到，在沙滩的浅水洼里，有许多被昨夜的暴风雨卷上岸来的小鱼。它们被困在浅水洼里，回不了大海了，虽然近在咫尺。被困的小鱼，也许有几百条，甚至几千条。用不了多久，浅水洼里的水就会被沙粒吸干，被太阳蒸干，这些小鱼都会干死的。

男人继续朝前走着。他忽然看见前面有一个小男孩，走得很慢，而且不停地在每一个水洼旁弯下腰去——他在捡起水洼里的小鱼，并且用力把它们扔回大海。这个男人停下来，注视着这个小男孩，看他拯救着小鱼们的生命。

终于，这个男人忍不住走过去："孩子，这水洼里有几百几千条小鱼，你救不过来的。"

"我知道。"小男孩头也不抬地回答。

"哦？你为什么还在扔？谁在乎呢？"

"这条小鱼在乎！"男孩儿一边回答，一边拾起一条鱼扔进大海。"这条在乎，这条也在乎！还有这一条、这一条、这一条……"

何必在乎"谁在乎"呢？何必总是斤斤计较呢？我们活得太累，做任何事都要比较结果，这样的人即便是处处容人，从不怨恨别人、与人相争，也并不是一个真正宽容的人，因为他的心是狭窄的，是工于心计的。

宽容要从心开始，人与人之间发生摩擦和矛盾是常有的事情，如果事事都计较、时时都生气，那自己肯定不会有好日子过。与其在这些事情上浪费时间和感情，不如把它们忘记，让内心恢复平静，认认真真做好自己的事。

在 2005 年秋季的一天，有两个失落的少年在加州的一个林场里玩，恶作剧地点燃了那片丛林，他们想象着消防警察们灭火时的慌乱和焦灼，得意不已。他们却万万没有想到，因为这一次火灾，一名消防警察在扑救火灾的时候不幸牺牲了。

这名消防警察才 22 岁，在全力以赴地履行自己的职责时，他被浓烟熏倒后烧死在丛林里头。更让人伤痛的是，这名消防警察早年丧父，是母亲独自将他抚养长大的。成长的过程充满艰辛，他常常对母亲表示，成人后要好好回报她。而这正是他参加工作后的第一周，连第一次薪水都没领到就……

在查明这是一起蓄意纵火案后，整座城市的人们顿时愤怒了，市长表示一定要将罪犯抓捕归案，让他们接受严厉的惩罚。警察开始四处追捕，那两名被列入嫌疑人的少年的头像也开始出现在这座城市的各个角落。

而这一切都不是这两个少年最初想象的，他们只能惊恐地离开这座城市，四处流窜。听着来自四面八方的愤怒的声音，他们陷入深深的悔恨、无奈和恐慌之中。

除了这两个少年，媒体的目光更多地投放到那位警察的单身母亲身上。但是当她说出第一句话时，所有人都震惊了。她是这样说的："我很伤心地看到我的儿子离开了我，但是我现在只想对制造灾难的两个孩子说几句话——你们现在一定活得很糟糕，很可能生不如死。作为这个世界上最有资格谴责你们的我，我想说，请你们回家吧，家里还有等待你们的父母。只要你们这样做了，我会和上帝一道宽容你们……"

那一刻，全场的记者都无语了，没人想到这位刚刚失去儿子的母亲居然会说出这样的话，他们以为等来的声音会是哀伤，或是愤怒，没想到竟然是宽恕！

而人们更没有想到的是，这位母亲发表讲话后的一个小时，在邻城一个小镇的一家旅馆里，两名少年投案自首了。

两名少年告诉警察：就在那位母亲发表电视讲话的那天下午，他们因为承受不了这巨大的社会压力而购买了大量安眠药，准备一道离开这个世界。但就在这时，他们从电视里听到了那位母亲的声音。他们顿时泪如雨下，而后，将安眠药丢到一边，拨通了警察局的电话……

现在这两名鲁莽的少年已为人父，他们会时常领着自己的孩子去看望那位可敬的母亲，那已经是他们心灵上的另一位母亲。一个悲剧故事就这样以温馨的结局收尾了，而谁都可以想象，如果这个母亲当时说出的是另一番话语，这两条鲜活的生命就将从此逝去，母亲也就永远陷入了孤寂之中。①

一个悲剧故事就这样以温馨的结局收尾了。

---

① 张翔. 宽容是一种拯救.《青年博览》2007 年 21 期

## 第二节 用宽容平等对待众生

一个小和尚满怀疑惑地去见师父，问道："师父，您说好人坏人都可以度，问题是坏人已经失去了人的本质，如何算是人呢？既不是人，就不应该度化他。"

他的师父并没有立刻回答他的问题，只是拿起笔在纸上写了个"我"字，但字是反写的，如同印章上的文字左右颠倒。"这是什么？"师父问。

"这是个字啊。"小和尚说，"但是您把它写反了！""是什么字呢？""'我'字！""写反了的'我'字算不算字？"师父追问。"不算！""既然不算，你为什么说它是个'我'字？""算！"小和尚立刻改口。"既然算是个字，你为什么说它反了呢？"小和尚怔住了，不知怎样作答。

"正字是字，反字也是字，你说它是'我'字，又认得出那是反字，主要是因为你心里认得真正的'我'字。相反的，如果你原不识字，就算我写反了，你也无法分辨，只怕当人告诉你那是个'我'字之后，遇到正写的'我'字，你倒要说是写反了。"师父接着说，"同样的道理，好人是人，坏人也是人，最重要的是你必须认识人的本性，在你遇到恶人的时候，仍然一眼便能见到他的'本质'，并唤出他的本真，本真既明，便不难度化了。"

师父的意思很明了，如果要去度人，当然要度坏人；如果这世上都是好人，还需要你度什么呢？[①]

---

[①] 华君.尘世悟语：淡定与舍得的智慧.中国华侨出版社，2013.3

1944 年冬天，两万德国战俘排成纵队，在莫斯科的大街上穿过。马路上挤满了人，苏军士兵和警察警戒在战俘和围观者之间，围观者大部分是妇女，她们当中的每一个人，都是战争的受害者，或者是父亲，或者是丈夫，或者是兄弟，或者是儿子，都让德寇杀死了。妇女们怀着满腔仇恨，朝着大队俘虏即将走来的方向望着。当俘虏们出现时，妇女们把一双双勤劳的手攥成了拳头，士兵和警察们竭尽全力阻挡着她们，生怕她们控制不住自己的情绪。这时，一位上了年纪的妇女，穿着一双战争年代的破旧的长筒靴，把手搭在一个警察肩上，要求让她走近俘虏。她到了俘虏身边，从怀里掏出一个用印花布方巾包裹的东西。里面是一块黑面包，她不好意思地把这块黑面包塞到了一个疲惫不堪的、两条腿勉强支撑的俘虏的衣袋里。于是，整个气氛改变了。妇女们从四面八方一齐拥向俘虏，把面包、香烟等塞给这些战俘。

这是苏联作家叶夫图申科在《提前撰写的自传》中讲的一则故事。在这个故事的结尾，叶夫图申科写了这样的话："这些人已经不是敌人了，这些人已经是人了……"

这句话十分关键。它道出了人类面对世界时所能表现出的最伟大的善良和最伟大的生命关怀。当这些人手持武器出现在战场上时，他们是敌人。可当他们解除了武装出现在街道上时，他们是跟所有别的人，跟"我们"和"自己"一样具有共同外形和共同人性的人。[1]

---

[1] 郭宇君. 学会宽心：不染纤尘心坦荡. 北京工业大学出版社，2011.5

　　古龙成为著名作家后，有人为了贪图利益，自己写了书，冒充古龙出版。有一天，古龙的一个朋友在街上看到一本冒充古龙的小说，非常气愤，就把那本书买下来，送到古龙家中，让古龙以此为证据追究假冒者的责任。古龙拿过书来，细细地读了一部分，读完后便放下书，什么也没有说。朋友问他为什么不追究那个假冒的人，古龙笑笑说："我一看这本书的风格，就知道是谁写的了。虽然我反对假冒别人的作品，但这位假冒者家境贫寒，他不过是借此糊口罢了，如果我去举报他，他的生活就更艰难了，得饶人处且饶人吧！"

　　由这段文字也想到了启功先生，启功先生的作品也经常被人假冒。有一回，启功去一家书画店，恰好遇到一个专门假冒自己书法的人在店里销售赝品，被启功当场堵住了。当启功表明身份后，那个人羞愧得无地自容，不住地哀求启功高抬贵手，见此情形，启功宽厚地说："你要真是为生计所迫，仿就仿吧，可千万别写反动标语啊！"一句玩笑话把大家都说乐了，那个人借着启功给的这个台阶，千恩万谢地离去了。事后，有人问启功为什么对假冒者这么宽容，启功说："人家用我的名字写字，是看得起我，再者，他一定是生活困难缺钱，他要是来找我借钱，我不是也得借给他？"大家一听，都对启功豁达的心胸敬佩不已。①

---

① 不计较 . 北方新报，2013.1

### 第三节 宽恕是文明的责罚

鲍伯·胡佛是一位著名的试飞员，常常在各种航空展览中做飞行表演。有一天，他在圣地亚哥航空展中表演完飞行后，朝洛杉矶家中飞回。正如《飞行作业》杂志所描述的那样，当飞机飞到300米的高度时，两具引擎突然熄火了。辛亏胡佛的技术娴熟，他驾驶飞机着了陆，虽然飞机严重毁坏，所幸无人受伤。

胡佛在飞机迫降之后所做的第一件事，就是检查飞机的燃料。结果正如他预料的那样，他所驾驶的这架第二次世界大战时期的螺旋桨飞机里面装的竟然是喷气机燃油，而不是汽油。

胡佛回机场后，要求见为他的飞机做保养的机械师。这个年轻人还在为他所犯的错误而难过不已呢。当胡佛向他走去的时候，他泪流满面。他使一架昂贵的飞机受到了损坏，还差点要了3个人的性命。

你可以想象胡佛的愤怒，并猜想这位荣誉心极强、做事认真的飞行员一定会痛斥机械师的粗心大意。然而，胡佛并没有责骂他，甚至连一句批评的话都没有说。相反，他伸出双手，抱住这位机械师的肩膀，说道："为了表明我相信你不会再犯错误，我要你明天再给我的飞机做保养。"

日常生活中，我们往往会无意间伤害到别人，有时也会受到他人的伤害。受伤害肯定就有疼痛，如果你不小心受到别人的伤害时，请努力试着让自己大度一点，即使你的理由很充分，也不要得理不饶人。也许你对他的报复能暂且让你的心理得到少许的平衡，但事实上，别人犯了第一个错，你就等于接着犯了第二个错。所以，要试着做到从容面对曾经伤害过你的人，或者你曾经伤害过的人，用一颗包容的心去对待对方。

沈殿霞当年是红透香港的金牌司仪，与名不见经传且饱受生活打击的郑少秋一见如故，她不顾舆论压力，全力扶持郑少秋的事业并安慰他的情感，在与他同居9年后毅然同他登记结婚且不惜冒着生命危险为他怀孕生女，然而他们的女儿来到人世还不到2个月，郑少秋却移情别恋。10年情感一朝云散，最终以沈殿霞遭到沉重打击而宣告结束。

多年以后，沈殿霞在她主持的谈话节目《掌声的背后》开播时，第一期请的第一位嘉宾竟然是郑少秋。两人相对而坐，待节目结束时，沈殿霞突然很意外地问郑少秋："有个问题好久以前就想问你了，今天借这个机会问你一下，你只需回答是或不是就行，这个问题就是'究竟在多年以前，你有没有真心地爱过我'。"郑少秋听后，几乎只是稍加思索，便坚定而认真地回答："我真的好爱你！"此言一出，沈殿霞立刻泪流满面，随即那幸福的笑容便荡漾在她那迷人的脸上，仿佛历经多年的苦难和恩怨都在"我真的好爱你"这六个字中烟消云散了。

人与人之间需要宽容。宽容可以发挥催化剂的作用，能消除人们之间的隔阂，减少不必要的误会，化解双方的矛盾；宽容更像润滑剂，帮助人们调节关系，减少不必要的摩擦，避免碰撞；宽容犹如清新剂，时常令人感到舒适、温馨，感到世界的美。

澳大利亚畅销书作家安德鲁·马修斯在《宽容之心》中说过这样一句话："一只脚踩扁了紫罗兰，它却把香味留在那脚跟上，这就是宽容。"因为有了放下，才有了你如海般广阔的心胸；因为有了放下，才有了你受人钦佩的涵养。宽容是一种气度，是一份理解，是放下之后残留的余香。

西奥多·凯勒·斯皮尔斯强调指出："如何宽恕他人，这是我们需要学习的一种能力；我们不能将宽恕视作一种责任，或视作一种义务，而要把它当做类似于爱的体验，它应自发地到来。宽恕一个人比去爱一个人更难，要付出更大的勇气。能够做到宽恕他人，在我们的有限生命中，一切才有可能变得完美、圆满。"

## 第四节 宽容是一种无声的教育

一天晚上，一位老禅师在禅院里散步，忽然发现墙角有一张椅子，他一看就知道有人违反寺规越墙出去溜达了。这位老禅师没有声张，走到墙边，移开椅子，就地在那儿蹲着。一会儿，果然有一位小和尚翻墙入内，黑暗中踩着老禅师的背脊跳进了院子。

当他双脚落地的时候，才发现自己刚才踏的不是椅子，而是自己的老师。小和尚顿时惊慌失措，木鸡般地僵立在那里，不知道说什么才好。出乎小和尚意料的是，老师并没有厉声责备他，只是以平静的语调说："夜深天凉，快去多穿一件衣服。"

老禅师宽容了他的弟子。他知道，此时此刻，小和尚一定知错改过，那就没有必要再饶舌训斥了。以后，老禅师也没有再提起这件事情，可是禅院里所有的弟子都知道了这件事，从此以后，再也没有人夜里越墙出去闲逛了。

这就是老禅师的度量，他给犯过错的弟子提供了冷静反省的空间，从而使其醒悟，自戒自律。从这个意义上来说，宽容也是一种无声的教育。

宽容可以超越一切，因为宽容包含着人的心灵，因为宽容需要一颗博大的心，宽容是一种无声的教育。而缺乏宽容，将使个性从伟大堕落为比平凡还不如。

宽容不受约束，它像天上的细雨，滋润大地，带来双重祝福，祝福施予者，也祝福被施予者。它力量巨大，贵比皇冠，它与王权同在。一个人的心胸有多宽广，他就能赢得多少人。宽容有时候就是站在对方的立场，将心比心，关注对方的感受。付出宽容，你将收获无穷。

宽容是一种无声的教育。责人不如帮人，倘若对别人的错处一味挑剔，斥责，非但令人反感，起不到教育的效果，而且可能激起逆反心，一错再错。

英国当代著名的解剖学家约翰·麦克劳德读小学的时候，特别淘气。有一次他想亲眼看一看狗的内脏是什么样的，便偷偷地把校长的宠物——一只可爱的哈巴狗给杀了。校长知道后气得七窍生烟，他决定狠狠惩罚这个无法无天的学生，怎么罚？出乎人们意料的是他既没有批评这个孩子也没有开除他，而是罚他画一幅人体骨骼和人体血液循环图。约翰·麦克劳德被校长的宽容精神打动，从那以后发愤钻研解剖学，终于成为举世闻名的医学巨匠。

老校长对麦克劳德杀狗事件的处理独具匠心，对人颇有启发。如果当初这位校长对麦克劳德简单粗暴地严厉训斥，通知家长要他赔狗，那就有可能把麦克劳德身上闪光的探求欲和好奇心砍伐殆尽。正是因为他遇到了一位高明的校长，正是这个包含理解、宽容和善意的"惩罚"，使麦克劳德爱上了生物学，并最终因发现胰岛素在治疗糖尿病中的作用而走上了诺贝尔奖领奖台。这就是宽容的力量。

著名教育家陶行知任育才学校校长时，有一天看到一位男生拾起砖头想砸同学，便将其制止，并要这个学生到办公室去。当陶先生回到办公室时，男孩已经等在那里了。陶先生掏出一颗糖给这位同学："这是奖励你的，因为你比我先到办公室。"接着他又掏出第二颗糖，说："这也是给你的，我不让你打同学，你立即住手了，说明你尊重我。"

男孩将信将疑地接过第二颗糖，陶先生又说道："据我了解，你打同学是因为他欺负女生，说明你很有正义感，我再奖励你一颗糖。"

这时，男孩感动得哭了，说："校长，我错了，同学再不对，我也不能采取这种方式。"陶先生于是又掏出第四颗糖："你敢于承认错误，我再奖励你一块。我的糖发完了，我们的谈话也结束了。"

四颗糖果的故事之所以一直为教育界津津乐道，是因为陶先生宽容教育的巨大魅力，这种魅力实际上又是陶行知个人宽容的魅力，这种宽容体现了作为教育家的陶行知先生爱的实质。

## 第五节　宽容别人就是善待自己

我曾经在一位法师的博客里看过这样一个故事：

从前有座山，山里有座庙，庙里有一个小和尚讲故事。这个小和尚对自己的头脑、学问、智慧还算比较自信。聪明人当然愿意和聪明人交流，那确实是一件很快乐的事。而遇到学识浅薄、思维混乱、说话表达不清的师兄师弟，每每会气急败坏，大发脾气，常常把一句"你怎么还不明白？你猪脑袋啊？"挂在嘴边。师父为此批评了他很多次，他嘴上承认错误，但一遇到类似情况，仍然忍不住要发脾气。可是一次上山打柴的经历让他改变了看法。

这一天柴打得特别多，他的心情也很好。回去的路上他累了，就放下柴担到溪水边喝点水，洗一把脸。这时"小强"来了。小强是山里的一只小猴子，经常来这边玩，也经常碰到上山打柴的小和尚。日子久了，他们就成了好朋友。小和尚洗完想要拿汗巾擦脸，却发现汗巾还挂在那边的柴担上，他也确实是很累了，于是就指着柴担，示意让小强替他去拿汗巾。

小强跑过去，从柴担上抽了一根木柴，给小和尚拿了过来。小和尚觉得很有趣，又让小强去拿，并用手比划成方形，嘴里说着："汗巾、汗巾。"小强又去，拿回来的还是木柴。小和尚笑得更开心了，这次他拿一块石头丢过去，正好丢到汗巾上，然后指给小强："看到了吧？拿那个汗巾。"小强再去，拿回来的还是木柴，而且还是一副得意洋洋的表情，好像在说"你看，我多能干！"看着小强一副志得意满的样子，小和尚笑得前仰后合。

回来以后，小和尚把这件有趣的事告诉了方丈。于是方丈问他："你跟师弟们讲道理，他们听不明白，你就会发脾气。可是小强听不明白，你为什么反而觉得有趣？"小和尚一愣，回答说："小强听不懂是很正常的，因为他是猴子。可师弟他们是人，他们不应该听不懂我说的道理。"

方丈说："应该？什么又叫做应该呢？首先每个人天生的悟性不同，悟性好的人，并不是他的功劳；悟性差的人，也不是他的过错。就算是悟性相同的，后天所处的环境又不一样。出生在书香门第的人，并不是他的功劳；出生在走卒屠户的人，也不是他的过错。就算是环境一样的，能遇到的师父又不一样。遇到一灯和尚的，未必是他的功劳；遇到酒肉和尚的，未必是他的过错。人与人有这样大的差异，你凭什么就能说谁'应该能'怎么样呢？"

小和尚听到这里，低头不说话了。方丈接着说："更何况，天道无常，人世无常。今天他比你差，你可以看不起他，明天他若比你强了呢？那时候他再来看不起你，你心里感受又如何？"

小和尚惭愧地说："师父，我知道我的错了。"方丈却摇头道："不，其实你最大的错，并不在于此。"小和尚睁大了双眼问："那我的错在哪里呢？"

方丈说："错在你没有学着用佛的眼睛去看，用佛的心去想。"小和尚忽然觉得，自己似乎就要领会到一些什么东西了，于是连忙磕头说："和尚慈悲，求师父教我！"

方丈微笑道："你仔细想一想，同样是不能理解你的意思，为什么你对师弟就会发怒，对小强就会开怀大笑？他们是相同的，而变化的是你自己。所以问题并不出在他们身上，而出在你身上。你不对小强发怒，是因为你是人，他是猴，你比他的智慧高得多，因此你就可以包容他的错误。而你师弟他们是人，你也是人，你的智慧跟他们是同一个档次，因此就包容不了他们的错误。如果是佛呢？佛看到你师弟们的错误，他会发怒吗？他当然不会，因为佛的智慧可以包容一切。

"你最大的错误就在于，没有试着用佛的眼光去观察世人，用佛的慈悲去怜悯世人，用佛的智慧去包容世人。"

人非圣贤，孰能无过，宽容别人，就是善待自己。

当你划破手指，生命会原谅你，它（潜意识中的智慧）会立刻开始修补工作，让新的细胞在伤口处相互重新搭接；如果你误食了腐烂的食物，生命会原谅你，让你吐出食物，来保护你；如果你手烧伤了，它会降低浮肿，增加血流量，长出新皮肤、新组织和新细胞。

生命并不埋怨你，总是宽容你，让你恢复健康，给你带来活力和平安，只要你思想上愿意合作。消极的思想，痛苦的回忆，对他人的愤愤不平和恶意都会阻碍生命的这种活力。

宽容人是获得心理平安和身体健康的关键所在。如果你想要健康和幸福，你就必须原谅每一个伤害过你的人。你如果不能首先去原谅别人，你就不能真正原谅你自己。

宽容是一种仁爱的光芒、无上的福分，是对别人的释怀，也是对自己的善待，一个人的胸怀能容得下多少人，才能够赢得多少人。宽容不受约束，它像天下的细雨滋润大地，带来双重祝福：祝福施予者，也祝福被施予者。它力量巨大，贵比皇冠，它与王权同在，与上帝并存。

# 第八章

## 活出有宽度的人生

宋代苏洵曾经说过：『一忍可以制百辱，一静可以制百动。』宽容的最高境界是能容忍别人对自己的伤害。原谅他，你就不会被怒火燃烧，在平静中获得快乐和健康。

## 第一节 宽怀忍让，以柔克刚

在九华山下，一个有钱人家有个千金小姐，从父母之命，与门当户对的一个公子定了亲。

正式结婚的三年前，小姐在娘家竟生了个孩子。在父母严追强问之下，小姐说："我一次到九华山上寺庙进香时，被大兴和尚奸污后怀了孕，才生了这个孩子。"小姐的父亲气急败坏之下，带着打手闯进寺庙，当众打骂羞辱大兴和尚，并把这个孩子塞给了他。大兴和尚不动声色，无奈之下接过孩子，只是无足轻重地说了一句："善哉，阿弥陀佛！"

从此在当地久负盛名的大兴和尚，一下子声名狼藉，到处被人耻笑，骂他是"花和尚"。他却不放在心上，每天下山为孩子化缘母奶。在他精心调养下，孩子渐渐长大，白白胖胖，聪明伶俐。

这样，时间一晃过了三年……

小姐正式出嫁了。在洞房花烛夜，丈夫追问孩子的下落，她如泣如诉地从头到尾讲述了一遍。第二天，小夫妻俩如实禀告父母，原来这孩子就是他们的亲骨肉，为婚前生子难堪而栽赃陷害大兴和尚的。第三天，借小姐回门之机，他们又向娘家如实禀告了小姐父母。父母听后目瞪口呆，悔恨莫及。

双方父母带着小夫妻俩来到寺庙，向大兴和尚负荆请罪，双膝跪倒，叩拜求饶，并请求要回孩子。大兴和尚高高兴兴地抱起孩子，恭恭敬敬地送进妈妈怀里，仍然满不在乎的样子，乐呵呵地说："领回去吧！阿弥陀佛！"他双手合十，满面春风地转身回禅房去了。

从此，众僧和百姓更加钦佩和敬重大兴和尚了。

"以柔克刚"，宽怀忍让，冷静地处理，比急躁冒进更能取得良好效果。有时，"让事实说话"是更明智的选择。

《明史》记载，有一次明武宗朱厚照南巡，提督江彬随行护驾。江彬素有谋反之心，他率领的将士都是西北地区的壮汉，身材魁伟，虎背熊腰，力大如牛。兵部尚书乔宇看出他图谋不轨，从江南挑选了100多个矮小精悍的武林高手随行。

乔宇和江彬相约，让这批江南拳师与西北壮汉比武。江彬从京都南下，原本骄横跋扈，不可一世。但因手下与江南拳师较量，屡战屡败，气焰顿时消减，样子十分沮丧，蓄谋篡位的企图也打了折扣。乔宇所用的就是"以柔克刚"的策略。

对于一个企业而言，解聘一个员工很容易，如果不是太差的企业招进一个员工也不难，可是要找到一个适合的员工就真的非常难，如果因为这样的原因失去了一些好的员工，对企业就是相当大的损失，而且会直接影响整个集体的战斗力。

这时候就需要领导发挥以柔克刚的本领了，面对一些不好管理的员工，首先承认错误在自己，让他的气有地方撒，然后再施以缓兵之计，调查清楚事情的原委，再有的放矢，不是很好吗？

一次，在公共汽车上，一个红头发的男青年往地上吐了一口痰，乘务员看到了，当即说："同志，为了保持车内的清洁卫生，请不要随地吐痰。"没想到那男青年听后不仅没有道歉，反而破口大骂，说出一些不堪入耳的脏话，然后又狠狠地向地上连吐三口痰。那位乘务员是个年轻的女孩，此时气得面色涨红，眼泪在眼圈里直转。车上的乘客议论纷纷，有为乘务员抱不平的，有帮着那个男青年起哄的，也有挤过来看热闹的。大家都关心事态如何发展，有人悄悄地告诉司机把车开到公安局去，免得一会儿在车上打起来。没想到那位女乘务员定了定神，平静地看了看那位男青年，对大伙说："没什么事，请大家回座位坐好，以免摔倒。"一面说，一面从衣袋里拿出手纸，弯腰将地上的痰迹擦掉，扔到了垃圾桶里，然后若无其事地继续卖票。看到这个举动，大家愣住了。车上鸦雀无声，那位男青年的舌头突然短了半截，脸上也不自然起来，车到站没有停稳，就急忙跳下车，刚走了两步，又跑了回来，对乘务员喊了一声："大姐！我服你了。"车上的人都笑了，七嘴八舌地夸奖这位乘务员不简单，真能忍，不声不响就把浑小子治服了。

忍让是个好习惯，宋代苏洵曾经说过："一忍可以制百辱，一静可以制百动。"忍让是理智的抉择，是成熟的表现。一个人如果能养成宽容忍让的习惯，那么他就会获得别人的尊敬。

从前，有一个年轻人脾气非常不好，动不动就与人打架，因而人们都很讨厌他。

一日，这个年轻人无意中游荡到了大德寺，正遇到一休禅师在讲佛法，听完之后异常懊悔，决定痛改前非，并且对一休禅师说："师父！今后我再也不与别人打架斗口角了，即使人家把唾沫吐到我脸上，我也会忍耐地拭去，默默地承受！"

"就让唾沫自干吧，别去拂拭！"一休禅师轻声说道。

年轻人听完，继续问道："如果拳头打过来，又该怎么办呢？"

"一样呀！不要太在意！只不过一拳而已。"一休禅师微笑着答道。

那个年轻人实在无法忍耐了，便举起拳头朝一休禅师的头打去，继而问道："现在感觉怎么样呢？"

一休禅师一点儿也没有生气，反而十分关切地说道："我的头硬如石头，可能你的手倒是打痛了！"

年轻人无言以对，似乎对禅师言行有所领悟。

一休禅师的境界确实了得，可能很多人很难做到这些。但是我们生活在红尘之中，大度包容的心还是不可缺少的。如果一个人气量狭小，遇事斤斤计较，那么在生活中就会处处碰壁，烦恼无限。假如能以实际行动理解、包容别人，我们将会得到别人的理解和包容的。

## 第二节 宰相肚里能撑船

宋朝宰相王安石中年丧妻，后来续娶了一个妾叫姣娘。姣娘年方十八，出身名门，长得闭月羞花，琴棋书画无所不通。

婚后，王安石身为宰相，整天忙于朝中之事，经常不回家。姣娘正值妙龄，独居空房，便跟府里的年轻仆人私下偷情。

这事传到了王安石那儿，王安石使了一计，谎称上朝，却悄然藏在家中。入夜，他潜入卧室外窃听，果然听见姣娘与仆人床上调情。他气得火冒三丈，举拳就要砸门捉奸，但是就在这节骨眼上，"忍"字给他当头一棒，让他冷静下来。他转念一想，自己是堂堂当朝宰相，为自己的爱妾如此动怒实在犯不上。

他把这口气咽了回去，转身走了。不料，没留神撞上了院中的大树，一抬头，见树上有个老鸹窝。他灵机一动，随手抄起一根竹竿，捅了老鸹窝几下，老鸹惊叫而飞，屋里的仆人闻声慌忙跳后窗而逃。事后，王安石装作若无其事。

一晃到了中秋节，王安石邀姣娘花前赏月。酒过三巡，王安石即席吟诗一首：

日出东来还转东，

乌鸦不叫竹竿捅。

鲜花搂着棉蚕睡，

撇下干姜门外听。

姣娘是个才女，不用细讲，已品出这首诗的寓意，知道自己跟仆人偷情的事被老爷知道了。想到这儿，她顿感无地自容。可她灵机一动，跪在王安石面前，也吟了一首诗：

日出东来转正南，

你说这话够一年。

大人莫见小人怪，

宰相肚里能撑船。

王安石本想以饮酒吟诗为名，逼妾说出实情，狠狠地训斥小妾一顿，哪知姣娘能言巧对使他的气消去大半。他细细一想，自己年已花甲，姣娘青春年少，偷情之事不能全怪她，还是来个成人之美吧。过了中秋节，王安石赠给姣娘白银千两，让她跟那个仆人成亲，一起生活，远走他乡。

这事很快传出去，人们对王安石的"忍"字当头，宽宏大量，深感敬佩。"宰相肚里能撑船"这句话也就成了宽宏大量的代名词。①

我们常常在自己的脑子里预设一些规定，以为别人应该有什么样的行为，如果对方违反规定就会引起我们的怨恨。因为别人对我们的"规定"置之不理就感到怨恨，是一件十分可笑的事。大多数人都以为，只要我们不原谅对方，就可以让对方得到一些教训，也就是说：只要我不原谅你，你就没有好日子过。而实际上，不原谅别人，表面上是对那人不好，其实真正倒霉的人却是我们自己，因为不肯宽容会产生愤恨和沮丧，愤恨首先破坏的是你自己的健康。

卡耐基说："也许我们不能像圣人那样去爱我们的仇家，可是为了自己的健康和快乐，我们至少要原谅他们，忘记他们，这样做其实很聪明。"静下心来想想，这又何尝不是呢？整天都把仇恨放在心里，只会让自己内心的伤痛越来越重，以至于难以愈合，这种难以忍受的伤痛，只会使我们变得恶毒、疯狂，甚至失去理智。

其实，宽容不仅仅是一种忍耐，更是一种智慧与仁

---

① 黄志坚.吃饭时吃饭，睡觉时睡觉.电子工业出版社，2010.2

爱。心中有爱、有仁慈，才能宽容地对待他人。当别人冒犯我们的时候，不要立刻责怪他们，而是要试着去了解这件事情背后的真相。这比批评更有益处，也更有意义一些。

## 第三节 原谅别人就是解脱自己

宋代韩琦任定武帅，夜里写信时，让一名士兵在一旁端着蜡烛，士兵不小心烧了韩琦的胡子。韩琦用袖子扑灭了，然后像没事一样继续写信。不一会儿看那士兵，已经换了人。韩琦担心长官会鞭打那名士兵，急忙叫道："不要换人，我让他剔灯，所以才烧了胡子。幸好信没有烧着，有什么过错？"

韩琦有一次花 100 两银子买了一只玉杯，很是珍爱。手下一名官员不小心把它掉在地上打破了，在座的客人都惊呆了。那名官员趴在地上等着挨罚，韩琦笑着说："东西命中注定是要碎的，你不是故意的，有什么罪过？"胡子已经烧了，杯子已经碎了，发脾气又有什么用？但这些都是最使人发怒的事情，韩琦却度量过人，把事情看开了，所以遇事胸怀坦荡。

英国有句谚语说："犯错是人性，宽容是神性。"在这个平凡的世界上，每个人都不可避免地会犯错，而很多人会比较轻易地原谅自己的错误。可是，有几个人能够在别人的错误面前表现出大度、宽容呢？

　　大多数人在别人的错误面前往往都会毫不留情，尤其是当别人的错误伤害了自己的时候，更是表现得非常严厉、苛刻。其实，这种行为本身就是一种错误，不够宽容不但伤害了别人，更伤害了自己。

　　当你因为别人的错误给自己造成伤害而生气，你就会陷入这种消极的情绪中无法自拔。如此一来，不但没有办法去做别的事情，更会因为心情不佳而伤害自己的身体。与其这样，不如试着原谅他人的错误，把自己从消极的情绪中解脱出来。

　　北宋理学家和教育家程颐说："愤欲忍与不忍，便见有德无德。君子之所以为君子，就在于他能容纳小人。"常言道："水至清则无鱼，人至察则无徒。"这就告诉我们，如果对事物的观察太敏锐，就会觉得他人浑身都是缺点，不值得与之交往；另一方面，旁人也会对你的过分挑剔感到难以忍受，而不愿意追随你。实际上，越是污秽的土地，土质越肥沃，越有利于万物的生长；同样，水流过于清澈，就很难让鱼类生存。所以说，君子要有宽宏的度量，不自命清高，要能够接纳他人。莎士比亚曾说："不要因为你的敌人而燃起一把怒火，热得烧伤自己。"

　　宽容的最高境界是能容忍别人对自己的伤害。原谅他，你就不会被怒火燃烧，在平静中获得快乐和健康。选择痛苦和快乐只在一念之间。是宽容还是记恨，决定权在我们自己的手中。

## 第四节 退一步海阔天空

哲学家笛卡儿说:"不求改变命运,只求改变自己。"改变你所能改变的,接受你所不能接受的,这是很重要的、很有用的人生智慧。

一位顾客指着面前的杯子,对服务小姐大声喊道:"小姐,你过来!你看看!你们的牛奶是坏的,把我的一杯红茶都糟蹋了!"

服务小姐一边赔着不是一边说:"真对不起!我立刻给您换一杯。"

新红茶很快就准备好了,碟边放着新鲜的柠檬和牛奶。

服务小姐把这些东西轻轻地放在顾客面前,轻声地说:"我能不能建议您,如果放柠檬,就不要加牛奶,因为有时候柠檬酸会造成牛奶结块。"

顾客的脸一下子红了,匆匆喝完茶,走了出去。

在旁边的一个顾客看到这一场景,笑问服务小姐:"明明是他的错,你为什么不直说呢?"

服务小姐笑着说:"正因为他粗鲁,所以要用婉转的方法对待,正因为道理一说就明白,所以用不着大声。理不直的人,常用气势来压人,理直的人,要用和气来交朋友!"

☆☆☆☆☆☆

一位武士手里握着一条鱼来到一休禅师的房间。他说道:"我们打个赌,禅师说我手中的这条鱼是死是活?"一休禅师知道如果他说是死的,武士肯定会松开手;而如果他说是活的,那武士一定会暗中使劲把鱼捏死。于是，一休禅师说："是死的。"武士马上把手松开，笑道："哈哈，禅师你输了，你看这鱼是活的。"一休禅师淡淡一笑，说道："是的，我输了。但是我却赢得了一条实实在在的鱼。"人的心若死执自己的观念，不肯放下，那么他的智慧也只能达到某种程度而已。

不管是被迫，还是主动，当我们"与别人较劲"的时候，收获的是零和游戏；当我们"与自己较劲"的时候，你赢我赢，没有输家。

很多人在出现问题的时候，首先想到的是改变别人。既然改变自己非常难受，像是"自杀"，那出现问题的时候指责别人、希望别人作出改变就是非常自然的事情。但是，这样做的人忘记了，别人也有自己的习惯，与自己改变是一种"自杀"一样，你强迫别人作出改变，对别人来说，其意味就相当于是遭遇"谋杀"一样，他自然会奋力地抵抗、反击。除非你对对方有绝对的权威，可以征服，否则，最后的结果一定是，事情已经被忘在一旁，双方互相掐起来，终究一事无成。

"忍一时风平浪静，退一步海阔天空。"这句话的意思是让我们在某些特殊情况下，不要一味使用莽劲去碰壁，而应该分析局势，做出某些以退为进的决策。为了做成、做好事情，强迫自己改变。而不是出现问题的时候，首先去埋怨别人，指责别人。苏格拉底说："让那些想要改变世界的人首先改变自己。"

世上有太多的无奈，需要我们去忍耐。忍耐不是畏惧，不是逃避，而是力量的积蓄，是明知不可为而做出的冷静判断。忍让是在有"宽心"心态的前提下，遇事少争，保存实力。

　　"处世让一步为高，退步即进步的根本；待人宽一分是福，利人实利己的根基。"这是《菜根谭》的处世智慧。"路径窄处，留一步与人行；滋味浓处，减三分让人尝。"

## 第五节　宽容：真善美的修心课

　　春秋时期管仲与鲍叔牙二人少小相识，后来合伙经商，管仲总是要从中多占一些便宜，鲍叔牙不以他为贪，知他是家贫的缘故。此后，管仲出了不少馊主意，几乎使生意做不下去了，鲍叔牙也不认为他蠢，而认为是没有遇上好时机。后来鲍、管二人分别投奔齐国公子小白和公子纠门下，小白胜而纠死，管仲跟着倒霉被囚。鲍叔牙不以胜者自居，反而力荐管仲于齐桓公（小白），也不计较自己会处在管仲之下。桓公果然拜管仲为相，治理齐国，九合诸侯，一匡天下，齐桓公终成一代霸主。管仲后来感叹道："生我者父母，知我者鲍叔牙也。"从鲍叔牙身上，可以看到两点：一是宽容之态，一是谦逊之心。如果他无宽容，二人早在年轻时就分道扬镳了，哪有后来的"管仲治齐"？若无谦逊之心，以成败论己论人，又哪能容许"败军之将"反居自己之上，更何况这样的高下之分还是由自己提出来的？诚然，一切都是缘于鲍叔牙对管仲的才干有充分认识和信心，但没有他自己那宽厚忍让、虚怀若谷、荐贤不妨的博大包容之心，一切也都无从谈起。

某天，楚庄王宴请文武百官，席间，他让自己宠爱的美姬给大臣敬酒助兴。一阵风将大厅内的烛火吹灭，黑暗中美姬感到有人拉住了她的手。美姬恼怒中顺手扯断了那人帽子上的缨饰，悄悄告诉了楚庄王，要惩罚这个大臣。楚庄王却下令暂缓点灯，并要求群臣全部拽断帽子上的缨饰，尽情狂欢，只字未提此事。次年，楚国与郑国交战，副将唐狡出生入死，为大败郑军立下战功。楚庄王要重赏唐狡，唐狡跪倒在地，说战场上置生死于度外，实乃报答楚庄王昔日"绝缨掩过"的恩典。

一位老妈妈在50周年金婚纪念日那天，向来宾道出了她保持婚姻幸福的秘诀。她说："从我结婚那天起，我就准备列出丈夫的10条缺点，为了我们婚姻的幸福，我向自己承诺，每当他犯了这10条错误中任何一项的时候，我都愿意原谅他。"有人问，那10条缺点到底是什么呢？她回答说："老实告诉你们吧，50年来，我始终没有把这10条缺点具体地列出来。每当我丈夫做错了事，让我气得直跳脚的时候，我马上提醒自己：算他运气好吧，他犯的是我可以原谅的那10条错误当中的一个。"这个故事告诉我们：在婚姻的漫漫旅程中，不会总是艳阳高照、鲜花盛开，也同样有夏暑冬寒，风霜雪雨。面对生活中的一些小矛盾，如果能像那位老妈妈一样，学会宽容和忍让，你就会发现，幸福其实就在你的身边。①

---

① 德群.有一种力量叫淡定大全集.中国华侨出版社，2011.6

# 第九章
## 生命在宽容中得以延伸

虚怀若谷，满谷都是清风碧水；心胸开阔，人间到处欢声笑语。心底无私才能天地宽，人的胸怀越大，心中的风景就越多，拥有的幸福也就多。

## 第一节 对别人宽容，使自己快乐

身处逆境之时不怨天尤人，而是正视自己，修正自己，宽容于人。这种为人处事的结果往往使自己的生命在宽容中得以延伸，在延伸中得以升华。著名南非民族运动领袖曼德拉就是一个极为典型的例子。

南非民族英雄曼德拉因领导反对白人的种族隔离政策而入狱，白人统治者将其关押在一个荒凉的大西洋小岛上，关押时间长达 27 年之久。在关押期间监狱方面对当时年事已高的曼德拉进行了残酷的虐待，叫他每天清晨排队到采石场，然后被解开脚镣，下到一个很大的石灰岩矿场，用尖镐和铁锹掘石灰石。有时还叫他去下海做工，在冰冷的海水里捞取海带。因曼德拉是要犯，有三名看守专门负责看守他，而这三名看守对他都极不友好，总是找机会虐待他。曼德拉在这 27 年的牢狱生活中，吃尽了常人难以承受的痛苦与折磨。

然而，令人不可想象的是，曼德拉在 1991 年出狱当选为总统后，在他的总统就职庆典仪式上发生了一个震惊世人的举动。他在庆典会上不仅热情致辞欢迎他的来宾，各国政要，还向人们特别介绍了三位特殊的客人，那就是他在被关押期间看守他的那三名原看守。曼德拉说，令他最高兴的是他们三人也能到场参加庆典。当时，年迈的曼德拉还缓缓站起身来恭敬地向三位原看守致敬，他的这一举动使这个盛大热烈的庆典一片静谧。

后来曼德拉谈及此事，他向人们解释说，自己年轻时性子很急，脾气暴躁，正是在狱中的环境中学会了控制情绪，才得以活下来。他的漫长的牢狱岁月，使他学会了如何处理自己遭受到的苦难与痛苦，如何给自己以激励。他还说，感恩与宽容经常是源自痛苦与磨难的，必经以极大的毅力来训练。他与人说及获释出狱当天的心情时说："当我走出囚室，迈过通往自由的监狱大门时，我已经清楚，自己若不能把悲痛与怨恨留在身后，那么我其实仍在狱中。"

"忍得一时气，免得百日灾"，宽容不是软弱，而是良好涵养的无言表达。真正的宽容，能容人之短，又能容人之长。对别人的错误，宽容的人能予以正视，并以适当的方法给予批评和帮助，便可避免大错；对自己，宽容的人时刻都能心平气和。宽容不仅有益于身心健康，而且对赢得友谊、保持家庭和睦、婚姻美满，乃至事业的成功都有很大的帮助。

人之坎坷，以常人而论，曼德拉大有过之，然曼德拉以博大宽阔的胸襟，泰然处之，他在极其恶劣的环境中所得到的并非是仇恨，是积怨，而是不断认识自己，调整自己，训练自己，克服自己不利的习性，以适应当时的处境，由此他的生命得以生存，得以重获生机，他的生命力也由此显得异常地顽强。

在宽宏豁达地对待别人的错误方面，夏原吉的做法也颇值一提。

夏原吉是江西德兴人，是明宣宗时的宰相。他待人宽厚，有古君子之风。

有一次夏原吉巡视苏州，谢绝了地方官的招待，只在客店里吃饭。厨师煮菜太咸，使他无法入口，他只吃些白饭充饥，并不说出原因，以免厨师受责。后来，他巡视淮阴，在野外休息的时候，不料马突然跑了，随从追去了好久，都不见回来。夏原吉不免有点担心，恰巧有人路过，便向前问道："请问，你看见前面有人在追马吗？"话刚说完，没想到那人却怒目对他答道："谁管你追马追牛？走开！我还要赶路。我看你真像一头笨牛！"这时，随从正好追马回来，一听这话，立刻抓住那人，厉声呵斥，要他跪下向宰相赔礼。

可是夏原吉阻止道："算了吧！他也许是赶路太辛苦了，所以才急不择言。"说完，便笑着把他放走了。

有一天，一个老仆人弄脏了皇帝赐给夏原吉的金缕衣，吓得准备逃跑。夏原吉知道了，便对他说："衣服弄脏了，可以清洗，怕什么？"又有一次，奴婢不小心打破了他心爱的砚台，躲着不敢见他，他便派人安慰她说："任何东西都有损坏的时候，我并不在意这件事呀！"因此，他家中上下，都很和睦。①

"海纳百川，有容乃大"，我们要有足够宽容的度量，为人处世要宽容，对别人宽容的同时，使自己快乐起来，让阴影随之飘散，给自己的心灵留出一片宁静的空间。

## 第二节 做人的道理在于胸怀

一位禅学大师有一个老是爱抱怨的弟子。有一天，

---

① 马银文.当下的修行，要学会宽容.中国纺织出版社，2013.2

大师派这个弟子去集市买了一袋盐。弟子回来后，大师吩咐他抓一把盐放入一杯水中，然后喝一口。

"味道如何？"大师问道。

"咸得发苦。"弟子皱着眉头答道。

随后，大师又带着弟子来到湖边，吩咐他把剩下的盐撒进湖里，然后说道："再尝尝湖水。"

弟子弯腰捧起湖水尝了尝。

大师问道："什么味道？"

"纯净甜美。"弟子答道。

"尝到咸味了吗？"大师又问。

"没有。"弟子答道。

大师点了点头，微笑着对弟子说道："生命中的痛苦是盐，它的咸淡取决于盛它的容器。"

你愿做一杯水，还是一片湖？

　　虚怀若谷，满谷都是清风碧水；心胸开阔，人间到处欢声笑语。心底无私才能天地宽，人的胸怀越大，心中的风景就越多，拥有的幸福也就多……心胸狭窄的人，不能包容别人的人，也就失去了人生的风景……

　　有人说，不见大海不知天有多宽，见了大海才知人是多么渺小。海，又是那么宽容，随时都可以包容一切。实际上做人的道理也在于胸怀，只有拥有了宽广的胸怀，才会体验到"退一步海阔天空"的轻松和愉悦。做人心胸宽广，就得有"得让人处且让人"的宽容，体谅别人的难处，谅解别人的错处，关注别人的长处。

### 第三节 感谢你的对手

培根说："奇迹多在厄运中出现。"是的，人们应该感谢人生的额外磨难甚至生活进程里遭遇的敌人。历史是一面镜子，已经无数次证明了培根的名言。文王拘而演《周易》；仲尼厄而作《春秋》；屈原放逐，乃赋《离骚》；左丘失明，厥有《国语》；孙子膑脚，《兵法》修列；不韦迁蜀，世传《吕览》；韩非囚秦，《说难》《孤愤》《诗》三百篇，这些可都是先前圣贤在遇难遇敌后取得的伟大成就。

草原上的羊群因为有了天敌狼的存在而不断繁衍壮大，这得因于自然法则：没有天敌的动物往往最先灭绝。大自然的这一悖论在人类社会中也同样存在。秦国灭了六国以后，一统中国，再也没有强大的敌人，立国不过两代就迅速覆灭；西方的罗马帝国一样因没有了强大的对手而分崩离析。刘邦正因为有了强大的对手项羽的存在，敢于忍辱负重，处处小心谨慎，四处广纳贤才，终于建立了强大的西汉；诸葛亮正因为有了司马懿和周瑜等强大的敌人，才在战争中学习战争，成为令后人钦佩的军事家；中国乒乓球的日益进步，正是因为有乒坛"常青树"瓦尔德内尔在前后20年的大多数时间里，顽强与不屈地挑战不断改革的乒乓球规则，以坚毅与执著挑战七代中国乒乓球国手。感谢你的敌人吧，是他们迫使你不断进步，不断超越，给你酿造了一个又一个生命的春天。①

---

① 晓春.不生气要争气.九州出版社，2007.4

　　奥地利作家卡夫卡说："善待你的对手，方尽显品格的力量和生存的智慧。"因此，我们被击中的时候，不仅要忍耐、要沉着，甚至要冷静到因为自己被击中而暗暗叫一声好。因为仅仅是忍受他们带给你的羞辱和压力，就是很宝贵的学习机会。

## 第四节　放大镜看人优点

　　蔡元培先生就是一个有着大胸襟的人。在他担任北京大学校长时，曾有这么两个"另类"的教授。一个是"持复辟论者"和"主张一夫多妻制"的辜鸿铭。辜鸿铭当时应蔡元培先生之请来讲授英国文学。辜鸿铭的学问十分宽广而庞杂，他上课时，竟带一童仆为之装烟、倒茶，他自己则是"一会儿吸烟，一会儿喝茶"，学生焦急地等着他上课，他也不管，"摆架子，玩臭格"成了当时一些北大学生对辜鸿铭的印象。很快，就有人把这事反映到蔡元培那儿。然而蔡元培并不生气。他对前来反映情况的人解释说："辜鸿铭是通晓中西学问和多种外国语言的难得人才，他上课时展现的陋习固然不好，但这并不会给他的教授工作带来实质性的损害，所以他生活中的这些习惯我们应该宽容不较。"经过一段时间后，再也没有人来告状了，因为辜鸿铭的课堂里挤满了北大的学子。很多学生为他渊博的知识、学贯中西的见解而折服。辜鸿铭讲课从来不拘一格，天马行空的方式更是大受学生欢迎。

　　另一个人则是受蔡元培先生的聘请，教"中国古代文学"的刘师培。根据冯友兰、周作人等人回忆，刘师培给学生上课时，"既不带书，也不带卡片，随便谈起来"，且他的"字写得实在可怕，几乎像小孩描红相似，而且不讲笔顺"，"所以简直不成字样"，这种情况很快也被一些学生、老师反映到蔡元培那儿。然而蔡元培却微微一笑，说："刘师培讲课带不带书都一样啊，书都在他脑袋里装着，至于写字不好也没什么大碍啊。"后来学生们发现刘师培讲课是"头头是道，援引资料，都是随口背诵"，而且文章没有做不好的。

从蔡元培对辜鸿铭和刘师培两位教授的处理方法，我们可见蔡元培量用人才的胸怀是何等求实、豁达而又准确。他把对师生个性的尊重与宽容发挥到了一种极高明的地步。为了实现改革北大的办学理想，迅速壮大北大实力，他极善于抓住主要矛盾和解决问题的关键，把尊重人才个性选择与用人所长理智地结合起来。他曾精辟地解释道："对于教员，以学诣为主。在校讲授，以无悖于第一种之主张（循思想自由原则，取兼容并包主义）为界限。其在校外之言动，悉听自由，本校从不过问，亦不能代负责任。夫人才至为难得，若求全责备，则学校殆难成立。"[①]

一个穷困潦倒的青年，流浪到巴黎，希望父亲的朋友能帮自己找一份工作。

"数学精通吗？"父亲的朋友问他。

青年羞涩地摇头。

---

① 胡明媛.包容与舍得的人生经营课.北京工业大学出版社，2011.7

"历史、地理怎么样？"青年还是不好意思地摇头。"那法律呢？"青年窘迫地垂下头。"会计怎么样？"

父亲的朋友接连地发问，青年都只能摇头告诉对方——自己似乎一无所长，连一丁点儿优点也找不出来。

"那你先把自己的住址写下来吧，你是我老朋友的孩子，我总得帮你找一份差事做呀。"

青年羞愧地写下了自己的住址，急忙转身要走，离开这个令自己深感耻辱之地，可是却被父亲的朋友一把拉住手臂："年轻人，你的名字写得很漂亮嘛，这就是你的优点啊，你不该只满足找一份糊口的工作。"

把名字写好也算一个优点？青年在老人眼里看到了肯定的答案。

哦，我能把名字写得让人称赞，那我就能把字写漂亮；能把字写漂亮，我就能把文章写得好看、引人入胜……受到初步肯定和鼓励的青年，把自己的优点置于放大镜下，想着想着，兴奋得他脚步轻松起来。

数年后，这个原来沮丧失望的青年果然写出享誉世界的经典作品——他就是家喻户晓的法国 18 世纪著名作家大仲马。

## 第五节　有容人之量，能用人之才

1831 年的一天，巴黎街头广告登出了匈牙利钢琴大师李斯特将要举行个人演奏会的消息，剧场门口人头攒动，门票很快一售而空。

演奏会那天晚上，剧场里早早就坐满了观众。按照当时音乐会的习惯，剧场里的灯全部熄灭了，在一片黑暗中，听众们屏息静气，全神贯注地欣赏音乐家的演奏。琴声响起，熟悉李斯特演奏风格的观众忽然发现，李斯特今晚的演奏与以往大不相同。这天的琴声是那样的深沉淳厚，没有一丝一毫追求表面效果的东西。听众们如醉如痴，完全被那美妙的音乐征服了。人们在心里感叹着，李斯特的演奏又进入了一个新的境界。

演奏结束，灯火重明，人们跳起来，兴奋地高喊："李斯特！李斯特！"可是，接下来，大家却惊愕地发现，舞台上坐的根本不是李斯特，而是一位眼中闪着泪花的陌生青年。这时，李斯特上台向大家介绍这位年轻的钢琴新星，他就是肖邦。

这年，年轻的波兰作曲家肖邦只身流亡到法国巴黎。虽然肖邦才华出众，但在陌生的巴黎，一个没有名气的演奏者根本得不到公开演奏的机会。

一个偶然的机会，肖邦结识了当时已誉满巴黎的钢琴家李斯特。两人一见如故，当时的李斯特在巴黎上流文艺沙龙中已是颇具盛名，他对肖邦的才华大为赞赏。胸怀宽广的李斯特并不担心肖邦被公众认识后会抢了自己的风头，而是真心实意地想帮他登上舞台。于是，李斯特以自己的名义举办了这场演奏会，剧场里的灯光熄灭后，他就让肖邦坐到舞台上代替自己演奏。

李斯特用这样的方式把肖邦介绍给了巴黎听众，使肖邦一鸣惊人，成为钢琴家中的又一颗新星。[1]

---

[1] 郭宇君.学会宽心：不染纤尘心坦荡.北京工业大学出版社，2011.5

　　钢琴演奏者肖邦的横空出世并没有影响李斯特本人的成就，钢琴之王李斯特凭借他豁达的心胸、独特的个人魅力，在音乐的天空中与肖邦交相辉映。

　　武则天确实是个治国之才，她既有容人之量，又有识人之智，还有用人之术。武则天之所以主持朝政，能走向兴旺发达，其中一个主要原因就是她爱才、惜才，不遗余力地网罗人才，而且还非常注意协调人际关系，使大臣们齐心协力辅佐她的帝业朝政。

　　比如宰相狄仁杰、魏元忠、李昭德、宋璟、张柬之和大将娄师德等。

　　武则天除了广用人才之外，还具备高超的协调能力。这里有个小故事足以说明这个问题。

　　宰相狄仁杰和大将娄师德同在朝廷管理朝事，但狄仁杰认为娄师德不过是个武将，有点儿瞧不起他，常推举他出外任职，因此，娄师德在讨伐契丹回来后，不但没受到狄仁杰的赏识，而且又将他调为陇右督军大师，管领屯田军，后又调任他任荆州长史兼天兵道大总管。

　　武则天对狄仁杰的心术有所察觉后，就在一个与狄仁杰单独接触的机会问狄仁杰："你看娄师德这个人怎么样？"

　　狄仁杰说："娄师德做个将军，小心谨慎守卫边疆还不错，至于有什么才能，我就不知道了。"

　　武则天又问："你看娄师德能不能发现人才？"

　　狄仁杰笑笑说："我同他一起共事多年，还没听说过他能发现什么人才。"

　　武则天这才笑着说："你就是当年娄师德推荐给我的啊！"说完，拿出了当年娄师德推荐狄仁杰时的奏折给狄仁杰看。

　　狄仁杰看后羞愧万分。

# 第十章

## 爱是宽容

修行的过程就是撒播博爱仁慈的过程，当你的心中充满着对世间万物的怜悯和慈爱，当你愿意把自己最珍贵的东西给予最需要它的生命时，你就具有了一颗真正的佛心。

## 第一节 博爱赋予生命最高价值

一连好几年，守墓人每星期都收到一个不相识的妇人的来信，信里附着钞票，要他每周给她儿子的墓地放一束鲜花。后来有一天一辆小车开来停在公墓大门口，司机匆匆来到守墓人的小屋，说："夫人在门口车上，她病得走不动，请你去一下。"

一位上了年纪的妇人坐在车上，表情有几分高贵，但眼神哀伤，毫无光彩。她怀抱着一大束鲜花。"我就是亚当夫人。"她说，"这几年我每个礼拜给你寄钱……""让我代买花？"守墓人问。"对，给我儿子。""我一次也没忘了放花，夫人。""今天我亲自来，"亚当夫人温存地说，"因为医生说我活不了几个礼拜了。死了倒好，活着也没意思了。我只是想再看一眼我儿子，亲手来放一束花。"

守墓人眨巴着眼睛，苦笑了一下，决定再讲几句："我说，夫人，这几年您常寄钱来买花，我总觉得可惜。""可惜？""鲜花搁在那儿，几天就干了。没人闻，没人看，太可惜了！""你真的这么想的？""是的，夫人，你别见怪。我是想起来自己常去的医院、孤儿院，那儿的人可爱花了。他们爱看花，爱闻花。那儿都是活人，可这墓里哪个活着。"

老夫人没有做声。她只是小坐了一会儿，默默地祷告了一阵，没留话便走了。守墓人后悔自己一番话太直率、太欠考虑，这会使她受不了。可是几个月后，这位老妇人又忽然来访，把守墓人惊得目瞪口呆：她这回是自己开车来的。"我把花都给那儿的人们了。"她友好地向守墓人微笑着，"你说得对，他们看到花可高兴了，这真叫我快活！我的病好转了，医生不明白是怎么回事，可是我自己明白，我觉得活着还有些用处。"

一旦你体悟到众生平等的真谛，你就会明白如何去爱一切人，如何去帮助一切人。[①]

在一节火车车厢的一群旅客中，正巧一个大学生坐在中间。他滔滔不绝天南地北地谈着，看上去似乎无所不知。可是在交谈中，他每句话都带着"我"字。在几个小时的旅程中他很少提及"我们"。

和他形成鲜明对比的是在机场候机大厅的另一个人。当时，大雪纷飞，乘客已被困在那里有两天一夜了。有的人一直叫着："我要离开这里！这该死的雪！"然而，就在这群人中间有一位妇女，她挨个走到带孩子的母亲面前说："来，把孩子交给我吧，我要搞个幼儿园，给孩子们讲个有趣的故事，您可以借这个机会喝口水、吃点饭或是去卫生间。"

为什么会有两种截然相反的态度呢？答案在于：是否有一个强烈的意识，一个站在他人角度为他人着想，努力给他人带来方便的意识。当你这样做了以后，你将会从别人看你的眼神中得到一种心灵的满足感，那种快乐只有身临其境的人才能感受到。

我们在开始一天生活的时候应该提醒自己去爱他人，应该努力去发现世间美好的事物，那么，从外界的反应中，你将发现一个可爱的自我。

---

① 陈泰先.佛学中的做人道理.中国物资出版社，2009.1

我不入地狱，谁入地狱？当你的心中充满着对世间万物的怜悯和慈爱，当你愿意把自己最珍贵的东西给予最需要它的生命时，你就具有了一颗真正的佛心。

德蕾莎以一介普通修女的身份却获得了全世界的尊敬和爱戴。当她去世的时候，身上盖的是印度国旗，印度为之举行国葬，印度总理跪在她的棺前，为她送行，而她只不过是一个普通的塞尔维亚人。

德蕾莎修女很早就确定了"为穷人中的穷人服务"的思想，她去印度后，就一直不穿鞋，当有人问她为何如此时，德蕾莎说："我服务的印度大众都太苦了，他们很多人都没有鞋穿，我如果穿上鞋，就跟他们的距离差得太远了。"

后来，南斯拉夫爆发科索沃内战，看到因战争而受难的民众，德蕾莎无比心痛，她去问负责战争的指挥官，请他停火，让战区里面那些可怜的女人跟小孩儿都逃出来。指挥官很无奈，他说他也想停火，可对方不停，没办法。德蕾莎说："那么我去和对方协商。"当德蕾莎走进战区的消息传出，双方立刻停火了，她把一些可怜的女人跟小孩儿带走了。之后，两边才又打起来了。

联合国秘书长安南听到这则消息后，叹了口气说："这件事连我也做不到。"其实，在此之前，联合国调停了好几次，南斯拉夫的内战始终没有停火。

德蕾莎没有什么强力武器，但她那颗博爱的心，却能战胜所有强敌。她以博爱的精神包容了整个世界，也包容了被遗弃的贫穷、灾难。在她宽广宏大的内心世界面前，整个世界都屈服了。①

---

① 金克水．舍得 受用一生的智慧．外文出版社，2011.9

## 第二节 用爱和善来拯救心灵

刘焕荣被判死刑后，在狱中一个偶然的机会看到了林清玄的书《白雪少年》，这个杀人如麻的冷血杀手看了一半就感动得哭了。书，在他面前打开了一个全新的世界，从此他养成了阅读的习惯，也对人生有了全新的洞察与觉悟，他迫切希望能够见到林清玄，他对林清玄说："在我生长的环境，从来不知道读书是这么好的事，也没有人告诉我们书很好看，如果我在少年时代就知道书这么好看，就不会出去混了。"一个冷血杀手在伏法前因为看到一本书，而开始对自己的人生重新审视进而开悟，这件事意义重大，也让人思考。法律不是万能的，有时甚至是充满了缺憾，法律的惩戒要刘焕荣用生命来赎罪、警示世人，但惩戒没有让他真心悔过，而一本书却让他弃恶向善、幡然觉悟。

刘焕荣在伏法前对林清玄说："我希望对年轻人说两句话，第一句是要读书，读书才有前途。第二句是要学好，不要学坏，千万不要学我。"还说，"林先生，请你继续写好书，挽救那些在黑暗边缘挣扎的心灵。"这是一颗重生的心灵，在狱中他画画，然后用义卖画的钱资助雏妓脱离苦海……然而对一个已真心悔过的人，法律却又要剥夺他的生命，此时法律又是这样的无情。

另一则报道，药家鑫执行死刑前，曾向父亲提出请求："爸，我走了以后，将我的眼角膜捐出去吧。我没坐过飞机，没见过大海，把我的骨灰用飞机运往海边，撒在大海里吧。"药家鑫的愿望，遭到父亲拒绝。"别说这个了，你不能把罪恶留在这世上。"药家鑫的父亲药庆卫说他当时还在生气，说话有些偏激，而且那天他刚好看见张显在微博上扬言"消灭肉体"，他就赌气拒绝了儿子的要求。自从药家鑫去自首，药庆卫的妻子就患上了抑郁症，"孩子走的那天曾经哭着说，想吃妈妈做的一顿面条，但是被我拒绝了。之后，他妈妈再也没能给儿子做一顿饭吃。因为这个，他妈妈不再跟我说话。慢慢地谁也不理了，去医院检查，说是抑郁症。""孩子曾经在临刑前对我说过走后的打算，那时我一句气话，回绝了孩子。"药庆卫回想起拒绝药家鑫在执行前的种种请求，十分懊悔。

《悲惨世界》的小偷冉阿让因为偷了主教米里艾神父的银器而被警察抓住送回到主教面前，主教微笑着对警察说："他是这么说的吧，'那是留我住夜的一个老神父送给我的'……他说的全是真话。"不仅如此，他还将教堂中银烛台也送给了冉阿让，并告诉他"再见吧，我祝福您！记住这一家的门，不管早晚，不管什么时候都是开着的"。神父的以德报怨、慈爱善良唤醒了冉阿让的良心，再造了他的灵魂，让他一生都在济贫爱人、积德行善……这也告诉我们，假如我们用更多的爱心和善心来面对世界，金针度人，将会产生不可思议的感召力量，会让这世界多一些美好和光明……

世界万物，最应该被尊重的是生命，世上最美好、最伟大的事情是让众生心灵觉悟，喜乐安详，所以佛教有"放下屠刀，立地成佛"的公案，这不是迷信，这是无量无边的慈悲博爱之心的体现。没有什么不可以用爱来化解，如果不能，只能说我们的爱还不够。

石上栽花是禅宗祖师对于开悟境界的一种说法，石

头上栽花其难度可想而知。如能用爱和善来拯救心灵，
那无疑也是石上栽花的功德了。

## 第三节 不可以让爱心落空

那是一个多雨的午后，一位老妇人走进一家百货公
司，大多数的柜台人员都不理她，只有一位年轻人询问
她是否能为她做些什么。

当她回答说只是在等雨停时，这位年轻人并没有
推销给她不需要的东西，也没有转身离去，反而拿给她
一张椅子。雨停之后，这位老妇人向年轻人说了声"谢
谢"，并向他要一张名片。几个月之后，这家店的店主
收到一封信，信中要求派这位年轻人收取装潢一整座城
堡的订单。这封信就是那位老妇人写的，原来她是一名
超级富豪的母亲。这位年轻人准备去收取订单的同时，
他已经升级为百货公司的合伙人了。

生活中得到什么，失去什么，这都不是最重要的。
最重要的是，你还有没有爱心。若你有爱心，懂得付出，
那么生活就会对你微笑；若你没有爱心，那么无论你怎
么努力，总会感到烦恼如影随形。

那天小张上班，上了公交车，到下一站上来一位大
爷。大爷是被一个小伙子搀扶着上车的，小张马上准备
起身让座，旁边的一个和他年龄差不多的女孩却抢先站
了起来，并甜甜地对大爷说："爷爷你坐。"大爷说声

"谢谢"，就坐下了。但小张注意到坐下的大爷一脸的痛苦，几次想站起来，却又忍住。这就奇怪了，难道坐下比站着还不舒服？小张就时不时把目光投向他，大爷身边的小伙子注意到小张不解的目光，也不解释什么，只是对小张轻轻苦笑一声。一直到那位让座的女孩下车，小伙子才赶紧搀扶着大爷站起来。

这到底是怎么回事？

小伙子低声给小张解释，他是要陪爷爷到医院去瞧病。小张更不能释疑：到医院瞧病和不想坐着有什么关联？小伙子的脸色微红，招架不住小张探寻的目光一直盯他，只得又解释说："是去肛肠医院瞧病的。"

小张一下子明白过来，原来大爷患的是那种不好意思说出口的毛病，站着还行，但坐下就疼痛难忍。

难忍为什么还要忍痛一直坚持坐着？小伙子笑而不答，大爷却开口了，说："疼点就疼点，能忍，却不可以让爱心落空。"

小张一下子无言以对了，一件小事，却一下子给了他一个大感动！

## 第四节　宽容是夫妻生活的基础

有生必有灭，有聚必有散，有合必有离，一切皆如梦幻泡影，何必过于在意呢？坦然接受吧。放松心情，你就会在这浮躁喧嚣的无常世界中，拥有一片安静的心空。

人心就像一汪水，人心如果散乱，就如同活水被搅浑，将看不清自己究竟要的是什么。所以常常随着别人的脚步而走，容易受别人的评价影响，这样会活得很累，试问这样的人，怎样能感受到幸福呢？

安徒生有一则名为《老头子总是不会错》的童话故事：

乡村有一对清贫的老夫妇，有一天他们想把家里唯一值点钱的一匹马拉到市场上去换点更有用的东西。老头子牵着马去赶集了。他先与人换得一头母牛，又用母牛去换了一头羊，再用羊换来一只肥鹅，又由鹅换了母鸡，最后用母鸡换了别人的一大袋烂苹果。在每一次交换中，他倒真还是想给老伴一个惊喜。

当他扛着大袋子来到一家小酒店歇脚时，遇上两个英国人，闲聊中他谈了自己赶场的经过，两个英国人听得哈哈大笑，说他回去准得挨老婆子一顿揍。老头子坚称绝对不会，英国人就用一袋金币打赌，如果他回家未受老伴任何责罚，金币就算输给他了，三人于是一起回到老头子家中。

老太婆见老头子回来了，非常高兴，又是给他拧毛巾擦脸又是端水解渴，听老头子讲赶集的经过。他毫不隐瞒，全过程一一道来。每听老头子讲到用一种东西换了另一种东西，她竟十分激动地予以肯定。"哦，我们有牛奶了"，"羊奶也同样好喝"，"哦，鹅毛多漂亮！"，"哦，我们有鸡蛋吃了！"诸如此类。

最后听到老头子背回一袋已开始腐烂的苹果时，她同样不愠不恼，大声说："我们今晚就可吃到苹果馅饼了！"不由搂起老头子，深情地吻他的额头。

其结果不用说，英国人就此输掉了一袋金币。

这是一则安徒生童话。初读这篇童话时，还不能理解这其中的深刻含义，以为是安徒生在讽刺嘲弄愚蠢之人，或是在宣扬"夫唱妇随"。

随着人生经历和婚姻生活的不断磨炼，我们才慢慢解悟了安徒生的精妙用意。他是要告诉我们家庭生活夫妻之间最重要的基础是宽容、尊重、信任和真诚。即使对方做错了什么，只要心是真诚的，就应该重过程重动机而轻结果，这样才能有家庭的和睦，夫妻的恩爱、宽容是善待婚姻的最好的方式，充分理解对方的行事做法，不苛求不责怨，如此，必然给对方以爱的源泉，婚姻一定如童话般妙趣横生，和美幸福。

夫妻之间出现感情矛盾，往往容易出现把过错全归于一方的情况，一味埋怨、记恨只会无限放大痛苦。这时不妨双方都站在对方的角度考虑，就能发现自己的不足，这样才能对另一半产生宽容的心，从而更积极解决问题。

# 第十一章
## 素心无尘，宽怀纳世

「一只脚踩扁了紫罗兰，它却把香味留在那脚跟上，这就是宽恕。」

## 第一节 宽容别人的习惯

有一对夫妇常常为吃苹果的问题发生口角。

妻子怕苹果皮沾了农药，吃后会中毒，所以每次都一定要把皮削掉；丈夫则认为果皮有营养，把皮削掉太可惜。由于夫妇俩经常吃苹果，所以就常常吵架。最后，俩人竟吵到去找无嗔大师评断是非。

无嗔大师对那位妻子说："你先生这么多年来都吃不削皮的苹果，身体还好好的，你担心什么？"

无嗔大师又对那位丈夫说："你太太不吃苹果皮，你就嫌她浪费，那你就把她削的皮拿去吃了，这不就没有事了吗？"

大师还说："由于家庭环境的不同，成长过程的不同，每个人的生活习惯也会有所不同。因此，不要勉强别人来认同你的习惯，同时，要宽容别人的习惯。"

小两口这才醒悟过来。

生活中有各种各样的人，而这些人会有不同的思想性格、兴趣爱好与生活习惯。有的人热情开朗，有的人沉静稳重，有的人性子急躁，有的人心胸狭窄等。面对这么多不同性格的人，我们应该怎样使他们乐于按照你的意愿行事呢？要想改变他，首先就要悦纳他！悦纳他人，就要满怀热忱地和他们相处，容忍并且诚心地尊重别人与己不同的性格、兴趣和生活方式，还要主动地了解别人的性格特征，熟悉别人的生活习惯，在这个基础上创造和谐融洽的人际环境。对别人的生活习惯横加指责的人，就像肩负沉重的包袱，这只能使他变得苍老，步态蹒跚。

曾经有这样一个故事：

老王曾经到乡下的母校去听课。在中午吃饭的时候，他发现其中有一位老教师在吃完稀饭后，伸长了舌头，低下头，捧着碗"滋滋"有声地把碗底残留的稀饭舔得干干净净。如今的生活已经不是饿肚子的时代了，竟然还会有这样的老师。看到他这个样子，大家都禁不住笑了出来。那位老教师听到笑声，现出惊异的目光，且不由得红了脸，极为羞愧地走出了吃饭的地方。整个下午，老王没有看见这位老教师的身影。

临走的时候，老王终于看到了这位老教师的身影。他连忙走过去对老教师说了一些比较委婉的道歉话。老教师抬起头说："这是我保持了几十年的坏习惯了。过去家里穷，吃不饱，经常要求家里的三个孩子这样做，我自己久而久之形成了习惯，到现在还是改不掉，丢脸了。"听了老教师的话，周围的人深深地为刚才的笑感到惭愧。

面对别人的习惯，如果我们没有真正的领会，只是浅薄地嘲笑，这本身说明我们对生活的理解是多么的浅薄和无知。在我们笑出声的时候，谁又会知道他的这个习惯是多么令人尊敬呀！

邻居吴老太被女儿接去住了一阵子。女儿对老人很孝敬，老太平时喜欢吃热粥加酱菜，女儿认为这没营养，让她吃面包、蛋糕加牛奶。老太空闲时习惯整理房间、打扫卫生，女儿怕她累着，硬是不让她做事，让她享清福。如此这般，老人直嚷嚷不习惯，要求女儿早日送她回"老窝"。

　　老年人的生活习惯是数十年养成的，在短时间内很难一下子改过来。而现在有些小辈，往往不顾老人的生活特点和习惯，硬要他们仿效自己的生活方式，甚至追求时尚，还生搬硬套国外或报纸杂志上介绍长寿老人饮食起居及养生的做法，要求老人改变自己的生活习惯，这使老人感到很别扭，结果适得其反。

　　尊重老人的生活习惯，是敬老爱老的内容之一。诚然，少数老人身上存在的一些陋习，影响生活质量，不利于身体健康，需要加以改正。但方法不能简单化，更不能急于求成。应当看到，老人的生活习惯是在一定的社会生活环境中形成的，如要改变，也要因人而异，循序渐进，耐心说服。

## 第二节　万事有因，宽恕解怨

　　2000 年 4 月 1 日深夜，来自江苏北部沭阳县的 4 个失业青年潜入南京一栋别墅行窃，被发现后，他们持刀杀害了屋主德国人普方（时任中德合资扬州亚星—奔驰公司外方副总经理）及其妻子、儿子和女儿。案发后，4 名 18 ~ 21 岁的凶手随即被捕，后被法院判处死刑。这起当时轰动全国的特大涉外灭门惨案很快结了案，但故事并没有结束。就在那年 11 月，在南京居住的一些德国人及其他外国侨民设立了纪念普方一家的协会，自此致力于改变江苏贫困地区儿童的生活状况。协会用募集到的捐款为苏北贫困家庭的孩子支付学费，希望他们能完成中国法律规定的 9 年制义务教育，为他们走上"自主而充实"的人生道路创造机会。这一举动默默延续了 13 年，但它至今鲜为人知。

他们为什么会这样做？因为他们认为处决犯罪的根源比处决罪犯更重要。多么残酷的刑罚都无法阻止别无选择或贪婪到失去理智的人铤而走险。所以，这个社会需要法庭和监狱，但是更需要的是互助与教育，前者通过资源共享让困乏的人免于陷入绝境，后者通过开发人的智慧与道德让人学会正确抉择。

这 4 个男青年并非有预谋要杀人。他们一开始只是想偷摩托车，但换来的钱并不多。后来他们得知玄武湖畔的金陵御花园是南京最高档的别墅区。那晚，他们潜入小区，只是想去洗劫一间不亮灯的空宅，结果那套正在装修的别墅没有东西可偷。最终他们选择了隔壁的普方家。盗窃的行动被普方一家察觉，因为言语不通，惊惧之中，他们选择了杀人灭口。案发后，普方先生的母亲从德国赶到南京，在了解了案情之后，老人做出一个让中国人觉得很惊奇的决定——她写信给法院，表示不希望判 4 个年轻人死刑。南京的洋创业者贺杰克解释说："我们觉得，他们的死不能改变现实。"在当时中国外交部的新闻发布会上，也有德国记者转达了普方家属希望宽恕被告的愿望。外交部方面回应："中国的司法机关是根据中国的有关法律来审理此案的。"最终，江苏省高级人民法院驳回了 4 名被告的上诉，维持死刑的判决。

与此同时，更多在南京的外籍人士已经开始寻求一种更积极的方式，去纪念普方一家。庭审中的一个细节给他们触动很深：那 4 个来自苏北农村的年轻人都没有受过良好的教育，也没有正式的工作，其中有一个做过短暂的厨师，有一个摆摊配过钥匙。"如果你自己有个比较好的教育背景，就有了自己的未来和机会。"普方协会现任执行主席万多明努力用中文表达自己对教育的理解。"有机会的话，人就不会想去做坏事，他会做好事，这对自己，对别人都有好处。"他坦言，自己也是在德国的农村长大的，只是在德国不需要付费就可以完成小学、中学的学业，后来考上大学，自己才有了比较好的工作。"如果需要付费的话，我的父母也没有办法送我到学校去，可能我在德国还找不到工作，没办法选择我想要的生活。""如果普方还在世，那么普方家肯定是第一个参与的家庭。"德国巴符州驻南京代表处总经理朱利娅确定地说。她是普方协会的创始人之一，和普方是同乡。她觉得这是纪念普方一家最好的方式。不过由于种种原因，这些打算用业余时间做慈善的外国人，当年并没有得到在中国成立基金会的批准，于是他们改称为普方协会，与南京本地的爱德基金会合作，资助苏北地区的贫困中小学生完成 9 年义务教育。随着中国逐步实行免费义务教育，他们把资助对象延伸到高中。高中生每年资助 2000 元，初中生每年资助 1200 元。①

"一只脚踩扁了紫罗兰，它却把香味留在那脚跟上，这就是宽恕。"一般人对于"旧恶"，过去曾与自己结恶的人，始终是放不下，牢记在心中，一有机会就想借机

---

① 冰点：献给生命的礼物．中国青年报，2010.3

报仇。对于"恶人"罪大恶极的人，更是嫉恶如仇，有善必赏，有恶必罚，认为做到如此，才是有正义感。然而，世上所谓的好人、恶人，有时是不容易分辨的。譬如有的人表面上看是个好人，心里却充满了贪嗔痴、嫉妒；有的人外表看去举止、言辞粗率，不修边幅，可是心地光明、坦荡。如此看来，哪一个是好人？哪一个又是恶人？所以真正修菩萨行，这种嫉恶如仇的观念就要转过来。因为菩萨的心境，看到好人，即希望他能早日成佛；遇到恶人，就想办法教导他，使他变成好人、贤人，乃至圣人。如地藏王菩萨的弘愿"地狱不空，誓不成佛；众生度尽，方证菩提"。这就是菩萨的大慈悲心量。

慧律法师在一次演讲中这样说道："大家都不是圣人。你的心中，一定有最气愤的人，你最恨的人，最讨厌的人，也有最嫉妒的人，对不对？大家都曾发过脾气。怎样过最快乐的日子？要宽恕众生，不要看人家的缺点，要看自己的缺点。比如说，同样在一个公司里，别人的能力比我强，我就嫉妒他，我的内心就不满。诸位佛友，你看是哪一个人比较痛苦呢？是别人活得痛苦，还是你活得痛苦呢？

"你嫉妒别人、恨别人，人家又不知道，真是神经病。然后，有一天你实在忍不住了，对你所恨的人说：'我在恨你，你知道吗？'对方说：'我不知道啊！'这样不是很可怜吗？

"世界上只有慈悲能够解除痛苦，你们一定要放下，要宽恕众生。宽恕人家，你就会很好过日子。"

见胆法师在其《任心遨游大自在》中这样表示：

"宽恕能化解一切仇恨，不但自己得到利益，更能利益他人。其次，知恩、感恩、报恩之心能够长养我们宽容的心量，因为时时刻刻感念他人的恩德，想尽办法回馈都来不及，如何能起嗔心而无法原谅别人呢？古德云：'若逢知己宜依分，纵遇冤家也共和，宽却肚皮须忍辱，豁开心地任从他。'以慈悲柔软的心常行宽恕，任心遨游，得大自在，是我们立身处世乃至社会安定，及世界和平的活水源头，也是成就一切功德、自利利他的善行！"

莎士比亚忠告人们说："不要因为你的敌人而燃起一把怒火，那只会烧伤你自己。"假如别人伤害了自己，千万不要只会怨恨，关键是要学会宽容，并避免被别人再次伤害。

宽恕意味着勇敢而不是怯懦。要向自己的仇人摆出一副高姿态是需要不少勇气的，同时，你还需要一颗善良的心。

1994 年 9 月的一天，在意大利境内的一条高速公路上，一对美国夫妇带着年仅 7 岁的儿子尼古拉·格林正驾车向一个旅游胜地进发。突然，一辆菲亚特轿车超过他们，车窗内伸出几支枪管，一阵射击之后，他们的儿子不幸中弹身亡。

这对夫妇本应该痛恨这个国家，因为在这块土地上他们失去了爱子。可是，悲伤过后，他们做出一个令人震惊的决定：把儿子健康的器官捐献给意大利人！在意大利，即使正常死亡的本国公民自愿捐献器官的也很罕见。于是，一个 15 岁的少年接受了尼古拉·格林的心脏，一个 19 岁的少女得到了尼古拉·格林的肝脏，一个 20 岁的少妇换上了尼古拉·格林的胃，另外两个孩子分别得到了尼古拉·格林的两个肾，5 个意大利人在这份生命的馈赠中得救了。这件轰动一时的事足以令所有的意大利人汗颜！

1994 年的 10 月 4 日，意大利总统斯卡尔法罗将一枚金奖章授予了这对美国夫妇，因为他们拥有容纳百川的胸怀以及忘记恩怨、悲世悯人的情操，还有以德报怨的人生境界。①

## 第三节 少指责抱怨，多理解宽容

人的情绪中有两大暴君——愤怒与欲望，与单枪匹马的理性抗衡。奇怪的是，当遇到事情的时候，愤怒总是可以跑在理性的前面，我们也会因此做出许多让自己后悔的事情。为此，我们必须学会控制自己的脾气，多一些理解宽容。

在现实生活中，有些人往往为了贪图一时的口舌之快，在有意无意间对他人造成伤害，而这些伤害就像栅栏上的钉孔一样，虽然钉子已经不在栅栏上了，可是伤口却永远地留了下来。

有一个比较极端的例子，《三国演义》里，张飞闻知关羽被东吴所害，下令军中，限三日内置办白旗白甲，三军挂孝伐吴。次日，帐下两员大将范疆、张达报告张

① 马银文.当下的修行：要学会淡定.中国纺织出版社，2013.2

飞，三日内办妥白旗白甲有困难，需宽限时日方可。张飞大怒，让武士将二人绑在树上，各鞭五十下，打得二人满口出血。鞭打完毕，张飞手指二人："到时一定要做完，不然，就杀你二人示众。"范疆、张达受此刑责，心生仇恨，便于当夜趁张飞大醉在床，以短刀刺入张飞腹中。张飞大叫一声就没命了，时年仅 55 岁。张飞不管三七二十一，鞭打范疆、张达，结果却葬送了自己性命，倘若当初他能对二位将军多一点宽容，结果将会是另外一个样子。

为人处世，学会站在别人的立场上，通过别人的角度考虑问题，眼界会变得更加开阔。为别人点亮一盏灯的同时，也照亮了自己的路。

一头猪、一只绵羊和一头奶牛，被牧人关在同一个畜栏里。有一天，牧人将猪从畜栏里捉了出去，只听猪大声号叫，强烈地反抗。绵羊和奶牛讨厌它的号叫，于是抱怨道："我们经常被牧人捉去，都没像你这样大呼小叫的。"猪听了回应道："捉你们和捉我完全是两回事，他捉你们，只是分你们的毛和乳汁，但是捉住我，却是要我的命啊！"

立场不同，所处环境不同的人，是很难了解对方的感受的。因此，对他人的失意、挫折和伤痛，我们应进行换位思考，以一颗宽容的心去了解、关心他人。

过去有一个农民在田间劳动，感到非常辛苦，尤其是在炎热的夏天，感到更是苦不堪言。他每天去田里劳动都要经过一座庙，看到一个和尚经常坐在山门前的一株大树树荫下，悠然地摇着芭蕉扇纳凉，他很羡慕这个和尚的舒服生活。一天他告诉妻子，想到庙里做和尚。他妻子很聪明，没有强烈反对，只说："出家做和尚是一件大事，去了就不会回来了，平时我做织布等家务事较多，我明天开始和你一起到田间劳动，一方面向你学些没有做过的农活，另外及早把当前重要农活做完了，可以让你早些到庙里去。"

　　从此，两人早上同出，晚上同归，为不耽误时间，中午妻子提早回家做了饭菜送到田头，在庙前的树荫下两人同吃。时间过得很快，田里的主要农活也完成了，择了吉日，妻子帮他把贴身穿的衣服洗洗补补，打个小包，亲自送他到庙里，并说明了来意。庙里的和尚听了非常诧异，说："我看到你俩，早同出，晚同归，中午饭菜送到田头来同吃。家事，有商有量；讲话，有说有笑，恩恩爱爱。我看到你们生活过得这样幸福，羡慕得我已经下决心还俗了，你反而来做和尚？"

　　这则故事不仅表现农民的妻子聪明贤惠，还有一个换位思考的道理在里面。换位思考，是自我学习的好方法。也就是与人处事，站在对方的立场上来全面考虑问题，这样看问题比较客观公正，可防止主观片面；对人要求就不会苛求，容易产生宽容态度；对自己能将心比心，做到知足常乐。

## 第四节 不要得理不饶人

一位高僧受邀参加素宴，席间，发现在满桌精致的素食中，有一盘菜里竟然有一块猪肉，高僧的随从徒弟故意用筷子把肉翻出来，打算让主人看到，没想到高僧却立刻用自己的筷子把肉掩盖起来。一会儿，徒弟又把猪肉翻出来，高僧再度把肉遮盖起来，并在徒弟的耳畔轻声说："如果你再把肉翻出来，我就把它吃掉！"徒弟听到后再也不敢把肉翻出来。

宴后高僧辞别了主人。归途中，徒弟不解地问："师傅，刚才那厨子明明知道我们不吃荤的，为什么把猪肉放到素菜中？徒弟只是要让主人知道，处罚处罚他。"

高僧说："每个人都会犯错误，无论是有心还是无心。如果让主人看到了菜中的猪肉，盛怒之下他很有可能当众处罚厨师，甚至会把厨师辞退，这都不是我愿意看见的，所以我宁愿把肉吃下去。"待人处事固然要"得理"，但绝对不可以"不饶人"。留一点余地给得罪你的人，不但不会吃亏，反而还会有意想不到的惊喜和感动。

在人际交往中，得理不饶人是很普遍的。有些人一旦觉得自己有道理，就会揪住别人的缺点，穷追猛打，非逼对方竖起白旗不可。

当然，得理不饶人也要具备以下情形：

一是心里要有怒气，有怨愤。这种怒气和怨愤，大多数情况下是由于自己长期的不满情绪淤积所致。

二是要占理。有些事本来可以好好说，但受情绪的影响，人容易激动。这时发脾气不是为了批评别人，而是为了泄愤。

三是要有合适的对象。心里有怨愤，不是随便找个人就可以发的。其发泄对象，往往不会对自己构成直接威胁。

人际交往的基本准则是理解和宽容。与人交往就像山谷的回音，你发出的什么声音，反馈的也是同样的声音。如果意气用事，往往会为自己日后的工作和生活埋下祸根。

"得理不饶人"是世间的一种"恶"，这里面的"得理"并不是一个客观的词，而是自以为得理了，所以这里所说的"得理不饶人"是一种态度，而且是一种很可怕也很容易被大家忽视的态度。恶并不可怕，它终将被人的自醒消灭，真正可怕的是人把恶当成了正义，把恶当成了自己处世的常态。而得理不饶人的这种态度正是行恶的一面盾牌。

生活中也不缺少这样的事例。高中的时候，一个男生不小心把饭菜弄到另一个男生身上，由于那个男生实在太过分抓着那个人的领子要他擦干净，最后演变成了一场群架。而又有多少男女朋友是因为一方做错小事，另一方不依不饶无理取闹而劳燕分飞的。

世间的纷争大大小小，最后谁又可以说得清，而你又怎么可以确定你的确得了理呢？"径路窄处，留一步与人行；滋味浓时，减三分让人尝。此是涉世一极安乐法。"这句话旨在说明谦让的美德。在道路狭窄之处，应该停下来让别人先行一步。只要心中经常有这种想法，那么人生就会快乐安详。

得理不饶人，让对方走投无路，有可能激起对方"求生"的意志，而既然是"求生"，就有可能是"不择手段"，这对你自己将造成伤害，好比老鼠关在房间内，不让其逃出，老鼠为了求生，会咬坏你家中的器物。放它一条生路，它"逃命"要紧，便不会对你的利益造成破坏。对方"无理"，自知理亏，你在"理"字已明之下，放他一条生路，他会心存感激，来日自当图报。就算不会如此，也不太可能再度与你为敌。这就是人性。

星云大师表示："给人留'空'很重要。佛教讲'空'，空不是没有，空是妙用。因为有空间才能容纳大家的存在。"

在建筑学上，有一个特殊的名词叫"伸缩缝"，意谓建筑物之间彼此不能完全紧连一体，必须在适当距离内留一个伸缩的空间。桥梁、马路、房屋等，乃至平地铺设砖块，都必须留有伸缩缝，以备空气冷热变化时结构体收缩膨胀的需要。

山峰之间、河海之间都各有起伏，各有渠道；国与国之间、城市与城市之间，也都各有界限。人体的构造，牙齿、毛孔、骨骼、关节也都有"伸缩缝"。树木花草种植时不能过于拥挤，要让它们彼此留些空间，才不会发育不全；房子的隔间，也要留一些伸缩缝，尤以门窗的框架不能太紧，才能开关自如。火车的铁轨，在一段距离内便须留一点伸缩缝，铁轨才不会变形扭曲；裁制衣服时也要留一点"伸缩缝"，以防洗涤后缩水起皱。

人生在世，人我之间、人事之间、人物之间、人情之间、人心之间，都需要留个若即若离的空间；人际如果没有伸缩的空间，往往容易关系紧张，造成摩擦，产生裂痕。海绵因为有伸缩的功能，所以能含蓄大量的水分；烹煮菜瓜、菜头，如果用快刀在表层划上几道切痕，酱油等作料就容易渗入，可以增加美味。宇宙虚空，靠其空间养育万物；人体靠肠胃肌肉的伸缩，也能养其生命。

## 第五节 忍受屈辱，承担重任

与韩信同时代的张良是一位能吃"眼前亏"的处世高手。张良原本是一个落魄贵族，后来作为汉高祖刘邦的重要谋士，运筹帷幄之中，辅助高祖平定天下，因功被封为留侯，与萧何、韩信一起共为汉初"三杰"。

张良年少时因谋刺秦始皇未遂，被迫流落到下邳。一日，他到沂水桥上散步，遇一穿着短袍的老翁，近前故意把鞋摔到桥下，然后傲慢地差使张良说："小子，下去给我捡鞋！"张良愕然，不禁拔拳想要打他。但碍于老者之故，不忍下手，只得违心地下去取鞋，老人又命其穿上。饱经沧桑、心怀大志的张良，对此带有侮辱性的举动，居然强忍不满，膝跪于前，小心翼翼地帮老人穿鞋。老人非但不谢，反而仰面长笑而去。张良呆视良久，老人又折返回来，赞叹说："孺子可教也！"遂约其5天后凌晨在此再次相会。张良迷惑不解，但反应仍然相当迅捷，跪地应诺。

5天后，鸡鸣之时，张良便急匆匆赶到桥上。不料老人已先到，并斥责他："为什么迟到，再过5天早点来。"后来，张良半夜就去桥上等候。他的真诚和隐忍博得了老人的赞赏，这才送给他一本书，说："读此书则可为王者师，10年后天下大乱，你用此书兴邦立国，13年后再来见我。我是济北毂城山下的黄石公。"说罢扬长而去。

张良惊喜异常，天亮看书，乃《太公兵法》。从此，张良日夜诵读，刻苦钻研兵法，俯仰天下大事，终于成为一个深明韬略、文武兼备、足智多谋的"智者"。

忍受屈辱，承担重任，是为"忍辱负重"。鲜为人知的是，这个成语却与佛教用语"忍辱"有关。

佛教中，把人由生死的此岸度到解脱的彼岸，共有六种法门，称作"六度"，又译为"六到彼岸"。这六种法门是：布施、持戒、忍辱、精进、禅定、般若（智慧）。其中"忍辱"是非常重要的一个环节，如果不能忍辱，就无法彻底断绝烦恼，还谈何成佛！在汉语语境中，"辱"的语感比"羞"和"耻"都要来得更严重，比如做出令祖先蒙羞的事称作"辱没了祖宗"。佛经中关于"忍辱"的论述比比皆是。《维摩诘经》："忍辱是菩萨净土。"《法华经》："又见佛子，住忍辱力，增上慢人，恶骂捶打，皆悉能忍，以求佛道。"《大集经》："忍辱如大地。"佛教甚至把袈裟别称为"忍辱铠"，意思是忍辱能防一切外来的灾难，因此用铠甲作比喻。可见"忍辱"是多么重要。[1]

古今中外的成大事者无不经历过痛苦的折磨：张骞出使西域，两次沦落匈奴手中，忍辱负重，不忘自身使

---

[1] 许晖.原来如此：趣说日常用语.百花洲文艺出版社，2010.8

命，最终开辟丝绸之路；李白遭到宫廷的打压、小人的谗害，才写得出"安能摧眉折腰事权贵，使我不得开心颜"这样痛快淋漓的诗句；司马迁饱尝汉武帝的折磨，遭受宫刑的屈辱，终成就"史家之绝唱，无韵之离骚"的历史巨著《史记》。

　　智者的智慧不仅在于聪明的头脑、博大的胸襟，还在于逆境中所遭受的折磨，激发自己从而发挥出无限的潜能。

下篇

# 不抱怨

有些人经常把不幸的事挂在嘴边。他们在逆境中总是固执地认为是命运在这里与自己过不去。他们的抱怨总是过分强调外在因素，而未能从自身主观因素上查找失误的原因，而对于不幸的命运，越是抱怨，就越觉得痛苦。现实社会中，每个人都应该深刻地认识到，生命的整体是相互依存的，每一种东西都会依赖其他一些东西存在。

不要抱怨生活给予了太多的磨难，不必抱怨生命中有太多的曲折。把每一次的失败都归结为一次尝试，不去自卑。就这样，微笑着弹奏从容的弦乐，去面对挫折，去接受幸福，去品味孤独，去战胜忧伤。微笑面对生活带给我们的一切。

# 第十二章

## 抱怨无力扭转什么

人之所以活得很累，是因为他的思维把事情扩大化、复杂化了，由此心里很容易产生种种焦虑烦恼，甚至不快。这个世界本来就很简单，是我们把自己的主观意志强加其上，造出了许多烦恼。

### 第一节 抱怨其实无力扭转什么

在半山腰处，有座小小的寺庙：大堂里，供奉着一尊石佛，朝圣者日日敬拜；门口处，铺设着一块石板，朝圣者日日踩踏。有一天，心生怨气的石板忍不住发起了牢骚来："同样是石头，我躺着，灰头垢面，受人踩踏；你坐着，高高在上，受人敬拜。世道为什么如此不公平呢？"石佛微微一笑，答道："是的，我们来自深山的同一块石头，但我挨了千刀万凿，才站在了这里，而你只是挨了几刀而已，所以就只能铺在地上给人垫脚啊。"试问：既不想挨千刀万凿，却幻想着被人敬拜，这可能么？

在我们身边，总会有一些打抱不平的"愤青"，他们不断地抱怨上天的不公平和生活的不公正。其实，这些人一直在喋喋不休地抱怨着，那是因为他们无力扭转什么。成功只会垂青那些积极主动的强者，只要你敢于担当，勇于接受来自生活的挑战，那么，任何艰难险阻都会变成坦途。对于一个强者来说，任何事情他们都会尝试着去做，因为敢于去做，到最后事情都会自然而然地变得顺畅。后来，他们会发现，那些原来让自己思虑重重的困难，竟然只是一件小事，根本不值得抱怨。

我们每天无数次的抱怨，我们每天无数次的批评别人——

妈妈做好饭，你嫌做得太淡，大声吵闹。

老婆买了一件衣服，你非但不领情，还说又花钱买东西。

看到孩子还没有去上学，你不分三七二十一，一顿臭骂，结果孩子哭着去上学了。

领导给你布置一项任务，你会说："这事他自己都做不了，给我做，这不是让我背黑锅吗？"

按照那些常抱怨的人的观点，尼采应该抱怨他的长相丑陋，拿破仑应该抱怨他的个子矮小……可是，这些人没有一个抱怨。当别人在拼命工作的时候，你在做些什么？当别人在努力学习的时候，你又在干什么？其实，每个人都会有遇到挫折的时候，需要发发牢骚、排解排解生活的压力，这个本身是没有错的。问题的关键在于，一旦嘴上养成"抱怨"的习惯，心里形成"抱怨"的思维，那就非常可怕了。

看看我们周围那些只知抱怨而不认真工作的人吧，他们从不珍惜自己的工作机会。他们不懂得，丰富的物质报酬是建立在认真工作的基础上的；他们更不懂得，即使薪水微薄，也可以充分利用工作的机会来提高自己的技能。他们在日复一日的抱怨中，徒增岁长，而技能没有丝毫长进。更可悲的是，抱怨者始终没有清醒地认识到一个严酷的现实：在竞争日趋激烈的今天，工作机会来之不易。

## 第二节 没有公平，只求平衡

世上没有绝对的公平。如果真的绝对公平了，反而是另一种不公平。人生来就有很多的不公平，出生背景不同、家庭关系不同、受教育的程度不同。最让人们感到心里不平衡的、最要命的是，从前跟我在一个锅里吃饭的人，今天吃的不一样了，一起工作他升官了，同样做生意他发财了，都没有背景关系他事事顺利、我处处碰壁……比尔·盖茨说："社会是不公平的，我们要试着接受它。"

其实，人的一生就是欲望不断产生和满足的过程。世界上的事从来都是一分耕耘，一分收获，有所失才有所获。只有有了对于生活、对于工作的付出，才有可能得到期望的回报。

现实生活中，有的人利用自己占有的社会资源，迅速过上了令人羡慕的生活；而一无所有、没有任何资源的人，则要认清生活中存在的不公平，把自己的劣势变成努力奋斗的动力，发挥自己的长处，寻找机会，坚持自己想干的事情，终究可以扭转你所认为的不公平。

承认生活并不公平这一事实的一个好处便是，它能激励我们去尽己所能，而不再自我感伤。我们知道让每件事情完美并不是"生活的使命"，而是我们自己对生活的挑战。

承认生活不公平这一事实并不意味着我们不必尽己所能去改善生活，去改变整个世界，恰恰相反，它正表明我们应该努力做好分内的事，争取更大的成功。承认生活是不公平的客观事实，并接受这不可避免的现实，放弃抱怨、沮丧，以平常心、进取心对待生活，不公平也就消失得无影无踪。

## 第三节 何必为一些小事烦恼

一个人会觉得烦恼，是因为他有时间烦恼。

一个人会为小事烦恼，是因为他还没有大烦恼。

某个夏日，曹山禅师问一位和尚："天气这么热，要到什么地方躲一躲好呢？"

"到热汤炉火里躲避吧！"和尚说。

"热汤炉火里怎么躲得了热呢？"曹山不解。

"在那里，诸种烦恼都不会有啦！"和尚答。

天气这么热，意味着烦恼。若遇到大烦恼，原先的小烦恼根本就不算什么。被热汤炉火烫死后，就什么烦恼都没有了。

一个为鼻子长得太塌而烦恼的人，当他知道自己得了肝癌后，就不会再为鼻子太塌而烦恼。当他死亡的那一刹那，那更是什么烦恼都没有了。死亡是最大的烦恼，但也是最后的解脱。"你还没死"，何必为一些小事烦恼？

谢巧巧是一个成功的女人，35岁的她靠着自己的打拼，拥有一家规模不小的公司。她气质高雅，脸上经常保持着微笑，看上去年轻而富有朝气。

经常有同龄的女客户好奇地问她："保持青春的秘诀是什么？"谢巧巧总是这样回答："也许是因为我没有烦恼吧！记得20多岁的时候，我常常为一些不足挂齿的小事烦恼，就连男友一句你最近好像长胖了，都让我愁得睡不着觉。后来，我爸爸因车祸去世了，从那之后，我觉得生活中那些小事真的太不值得去计较，也就是那次经历让我看开了。什么事情都看开了，快乐也就多了。

"还有，我爸爸的经历也让我明白了不少道理。我爸爸 20 多岁就开始创业，经过十几年的打拼，终于创出一番不小的事业。不过有一次，很少查看账目的他忽然心血来潮查看了账目，发现公司少了一笔 10 万元的账。管账的是他的合伙人，因此父亲开始怀疑合伙人多年来是否都有'吃账'的问题。就因为这笔去路不明的账，我爸爸开始睡不着觉，后来又开始喝酒，有一天晚上应酬后开车回家，就发生了车祸。

"父亲走后，我妈妈处理他的后事时发现，那 10 万元只不过被他的合伙人挪到一个子公司用，不久又挪回来了。没想到我爸爸为了这笔钱烦了那么久，还因此……我从爸爸身上得到了一个教训，就是不要给自己制造烦恼，不要自找麻烦，以最单纯的态度对待每件事情。"[①]

一位哲人说："生活中的烦心事很多，有些你越想怎样越不容易忘掉，那就记住好了。就像一杯水，如果你不断地振荡它，就像一杯混水，会弄得自己不安宁。如果你慢慢地、静静地让它沉淀下来，用宽广的胸怀去容纳它们，心灵就不会因此而受到污染，反而重新归于纯净。"

美国一位著名的心理学家认为：现代人之所以活得很累，是因为他的思维把事情扩大化、复杂化了，由此心里很容易产生种种焦虑烦恼，甚至不快。这个世界本

---

① 张笑恒.你可以不生气.北京工业大学出版社，2010.1

来就很简单，是我们把自己的主观意志强加其上，造出了许多烦恼。

## 第四节 不要烦恼明天怎么办

话说两个来问道的僧人，都被赵州禅师叫到茶堂"吃茶去"，两个钟头过后，转身就要离去了，赵州禅师把甲叫过来："你悟到了吗？"甲说："今天诚心跟禅师请教，没想到禅师只叫去喝茶。""我刚才叫你吃茶去，你有什么体悟？""禅师啊！我已经把茶喝完了，到底您有什么指示？"没想到赵州禅师开口大骂："我已经告诉你答案了，还问什么？"信徒呆了，马上下跪："禅师啊，我还是不懂？""你烦恼那么多，就是钻牛角尖，念头转不过来，你一直烦恼孩子、父母、兄弟、事业，烦恼是不能解决事情的。"

佛经讲："烦恼转菩提！"烦恼来了要转为菩提。好比前几天下雨，今天要演讲，一早雨还在下，禅师一点都不担心，为什么？下雨我们就穿雨衣嘛！是不是？

丹麦有个民间故事，说的是一个铁匠，家里非常贫困。于是铁匠经常担心："如果我病倒了不能工作怎么办？""如果我挣的钱不够花了怎么办？"结果这一连串的担心像沉重的包袱压得他喘不过气来，使他饭也吃不香，觉也睡不好，身体一天天地越变越弱。

有一天铁匠上街去买东西，突然昏倒在路旁，恰好有个医学博士路过。博士在询问了情况后十分同情他，就送了他一条金项链并对他说："不到万不得已的情况下，千万别卖掉它。"铁匠拿了这条金项链高兴地回家了。从此之后，他经常地想着这条项链，并自我安慰道："如果实在没钱了，我就卖掉这条项链。"这样他白天踏实地工作，晚上安心地睡觉，逐渐地他又恢复了健康。后来他的小儿子也长大成人，铁匠家的经济也宽裕了。有一次他把那条金项链拿到首饰店里估价，老板告诉他这条项链是铜的，只值一元钱。铁匠这才恍然大悟："博士给我的不是一条项链，而是治病的方法！"

从这则民间故事里，我们可以悟出这样一则道理，不用预支明天的烦恼，只需做好今天的功课，做好今天的功课，就是应对明天烦恼的最好法宝。特别是当我们把心头的那个沉重包袱放下时，你原来焦虑的那些令人不安的后果往往也难以发生。

人生要把烦恼放下，不要想太复杂。人生就像一杯茶，喝茶要当下，我们要活在当下，《金刚经》讲："过去心不可得，现在心不可得，未来心不可得。"我们把握今天，今天能过日子就好，不要烦恼明天怎么办。佛陀说过："当下是我们唯一拥有的一刻，在当下这一刻快乐地生活，是可以办到的事。"

## 第五节 未能转识成智，便成无尽烦恼

在湖北有位信徒，他笃信佛教，并且非常虔诚。

一次家乡发大水，他来不及逃难，只好爬上屋顶等待救援。眼看着大水就要淹到屋顶，信徒赶忙祈祷："大慈大悲的观世音菩萨，赶快来救救我吧！"

这时有人驾着独木舟从旁边经过，看到信徒在屋顶上避难，那人便要救他，他却说："我不需要你来救，观音菩萨自会来救我。"那人摇了摇头，只好驾着独木舟走了。

大水继续上涨，已高及膝部，信徒很是着急，又高喊救命："观世音菩萨快来救我啊！水已快淹到我的腰上了！"

这时，又来了一艘小船，船上的人又赶忙来救他，他又拒绝说："我不上你们的船，观世音菩萨会来救我的。"小船也只好抛下了信徒。

这时水已涨到他的胸部，他心急如焚继续高呼："观世音菩萨快来救我！我快要没命了！"这时，来了一艘载满了人的大船，船上的人催促他赶快上船，不然就真的没命了。可信徒却仍然摇摇头说，"观世音菩萨会来救我的，你们这太挤了，我不上。"

大水终于漫过了信徒的脖子，他已经奄奄一息。最后一位老禅师驾船赶来救起了他。他醒来便向禅师抱怨说，"我如此虔诚信佛，为什么观世音菩萨不来救我？"

禅师叹息道，"你真是枉学佛法，冤枉了观世音菩萨。菩萨曾经几次化作了舟船来救你，你却挑三拣四，拒绝被救。看起来你真是与菩萨无缘，也许我也不该救你，让你到地狱去找菩萨好了。"①

---

① 肖惠心 . 智慧禅 . 中国民航出版社，2004.8

施与受原本是一种缘分，施的一方不论是财布施、法布施还是无畏施，对于普通人来说，都或多或少要克服外在的、内在的困难才能成就对方；受的一方由于眼界业障的限制，在接受帮助的过程中，遇到的内在抵触、外在干扰一点也不比施放帮助的人少。但是，不管怎样，施与受都将在成就对方的过程中，圆满了自己。在克服内心障碍的同时，启迪了智慧，在攻克外在阻碍的时候，获得了双份福报。

# 第十三章
## 抱怨不如改变

不能改变环境，那就改变自己，就像你不能让外面的雨停止，那就带上伞出门，或者发现前面的路因为某种原因被封了，那就绕道走，有什么关系呢？改变自己才是最明智的选择！

## 第一节 当世界无法改变时改变自己

抱怨是失败的源头。与其抱怨别人，不如做好自己。抱怨就像用烟头烫破气球一样，别人和自己都会泄气。没有人喜欢跟一个消极、唠叨的人共事，更没有人愿意忍受别人的牢骚和坏脾气。不满的情绪，必然会破坏内心的平静，进而影响工作和生活。所以，停止抱怨，微笑地面对工作和生活，才是你最好的选择。

抱怨，在你我的生活中其实随处可见。（股市失利，抱怨别人给错消息；商店购物，抱怨售货员只知讨好，让自己买错衣服……）

对人抱怨，却越抱越怨，最后让自己痛苦不堪。究其原因，其实在抱怨的背后，有许多隐藏的心理成因，导致了最终的重大杀伤力。

习惯抱怨的人，过度关注负面的事物和感受，不断放大问题的严重性，强化自己的负面心态，把自己关入"悲惨"的牢笼，无法跳脱。

也就是说，如果你我的思绪总是围绕着痛苦、孤单、倒霉等来展开，那么，强大的"负面能量"就会把你我的命运引向不好的结果。试想一下，一个股民整天抱持着悲观的心态来到股市，无论做什么决定都认为自己会赔钱，畏畏缩缩，那么最后的结果必定会"如他所愿"，惨淡收场。

在《古兰经》中有一个故事：

一位大师经过几十年的修炼，终于练就一身"移山大法"。有一天，他宣布：明天早上我要当众表演"移山大法"，把广场对面的那座大山移过来。

消息像长了翅膀一样四处传开。果然，第二天一早，黑压压的人群开始聚集在广场上，等待观看大师的表演。时辰一到，只见穿戴整齐的大师口中念念有词，然后面对大山高喊："山过来，山过来！"半晌，他问人群：山是不是过来了？人群中开始窃窃私语，有的说好像过来一点点，有的说好像没有。大师继续高喊，整整一个上午过去了。此时陆陆续续有人离开，也许他们觉得没有什么意思，甚至觉得此人可能是个骗子。

大师没有理会那些离去的人，继续高喊"山过来"，转眼间一个中午过去了，一个下午也过去了，天色已近黄昏。整天的高喊使大师的嗓子已经完全沙哑。最后当他用嘶哑的声音问周围为数不多的人："山有没有过来？"此时大家异口同声地告诉他："大师，山真的没有过来。"听罢，大师开始做最后的努力。只见他口中边高喊："山过来！"边喊边移动脚步，朝那座大山走过去。最后，大师又问："山有没有过来？"人群中鸦雀无声。于是大师用他嘶哑的声音说："诸位，你们都看见了，我用了一整天的时间，用尽了我的全身力气叫'山过来'，山都不过来，怎么办？那我就只好过去了，山不过来，我就过去！"[1]

山不过来，我就过去，道理何其简单。如果抱怨、发牢骚无济于事的话，为何你不改变自己。中国人一直崇尚天人合一的最高境界，然而得道者，由古至今，却

---

[1] 黄谊江.山不过来，我就过去.大众数字报，2010.10

何其稀少。道无处不在，它也在我们的工作和生活之中。工作和生活也是悟道的修行。所谓天人合一，不是天空的天，而是宇宙，只有人的小宇宙和世界的大宇宙和谐了，统一了，你就回归人的本性了，你就自由了，毫无羁绊。做得再差一点，就是要以积极的心态，面对人生，面对工作，不要随大流，发一些无谓的牢骚，做一些无谓的抱怨，那样只能让自己倍感煎熬，同时也一事无成。

　　永不抱怨的人生态度才是第一位的。比尔·盖茨说："人生是不公平的，习惯去接受它吧。请记住，永远都不要抱怨！"抱怨无益，而且伤害的是自己。与其抱怨别人，不如改变自己。先适应这个世界，再改变它。

　　生活，并不因你抱怨而改变；人生，并不因我惆怅而变化。你怨或不怨，生活一样；我愁或不愁，人生一样。抱怨多了，愁的只是你，惆怅多了，苦的还是我，你哭，生活不会流泪，你苦，生活不会烦恼。既然如此，何不微笑；既然这样，何必惆怅。想一想，人生在世，快乐也一生，忧愁也一世，何不看开，愉快一点。

## 第二节　你可以改变自己

　　在英国威斯敏斯特教堂的地下室，主教的墓碑上写着这样的一段话：

　　"当我年轻的时候，我的想象力没有受到任何限制，我梦想改变整个世界。

　　"当我渐渐成熟明智的时候，我发现这个世界是不可能改变的，于是我将目光放得短浅了一些，那就只改变我的国家吧！但是这也似乎很难。

"当我到了迟暮之年，抱着最后一丝希望，我决定只改变我的家庭、我亲近的人，但是，唉！他们根本不接受改变。

"现在在我临终之际，我才突然意识到：如果起初我只改变自己，接着我就可以改变我的家人。然后，在他们的激发和鼓励下，我也许就能改变我的国家。再接下来，谁知道呢，或许我连整个世界都可以改变。"

美国著名的心理学家威廉·詹姆斯说："我们这一代人最重大的发现是，人能改变心态从而改变自己的一生。"荷马·克罗伊是一位写过好几本畅销书的作家，他举了一个怎么样才能够做到这一点的好例子。以前他写作的时候，常常被纽约公寓热水炉的响声吵得快发疯。

"后来，"荷马·克罗伊说，"有一次我和几个朋友一起出去露营，当我听到木柴烧得很响时，我突然想到这些声音多么像热水炉的响声，为什么我会喜欢这个声音，而讨厌那个声音呢？我回到家以后，跟我自己说：'火堆里木头的爆裂声，是一种好听的音乐，热水炉的声音也差不多，我该埋头大睡，不去理会这些噪音。'结果，我果然做到了，头几天我还会注意热水炉的声音，可是不久我就把它们整个地忘了。"

不能改变环境，那就改变自己，就像你不能让外面的雨停止，那就带上伞出门，或者发现前面的路因为某种原因被封了，那就绕道走，有什么关系呢？改变自己才是最明智的选择！

爱尔兰剧作家萧伯纳说："聪明的人使自己适应世

界，而不明智的人只会坚持要世界适应自己。"

　　猫头鹰急促而忙碌地在树林里飞着。一旁的斑鸠好奇地问："老兄，你究竟在忙什么？"猫头鹰气喘吁吁地回答："我在忙着搬家。"斑鸠疑惑不解地再问："这树林不是你的老家吗？你干吗还要再搬家呢？"此时，猫头鹰叹着气说："在这个树林里，我实在住不下去了，这里的人都讨厌我的叫声。"

　　听完猫头鹰的话，斑鸠带着同情的口气说："你唱歌的声音实在聒噪，令人不敢恭维，尤其是晚上更是扰人清梦，所以大家都把你当作讨厌的人物。其实，你只要把声音改变一下，或者在晚上闭上嘴巴不要唱歌，在这林子里，你还是可以住下来的。如果你不改变自己的叫声或夜晚唱歌的习惯，即使搬到另外一个地方，那里的人还是照样会讨厌你的。"

　　你改变不了环境，但你可以改变自己；你改变不了事实，但你可以改变态度；你改变不了过去，但你可以把握今天；你不能控制他人，但你可以掌握自己；你不能预知明天，但你可以把握今天；你不可能样样顺利，但你可以事事尽心；你不能延伸生命的长度，但你可以决定生命的宽度；你不能左右天气，但你可以改变心情；你不能选择容貌，但你可以展现笑容。

## 第三节　将自己酿成一瓶酒

　　一位历经无数商战感到身心疲惫的企业家到禅寺参

拜。企业家问须发皆白的高僧，如何才能让自己和企业创造最大的价值。

面目慈祥、鹤发童颜的高僧没有直接回答企业家的问题，而是指了指正在淘米准备做饭的小和尚旁边的米桶，问道，一碗米有多大价值？

企业家茫然地回答："将米做成米饭，顶多有几元钱的价值。"

高僧摇了摇头，说道："将一碗米加水，蒸一蒸，做成米饭，是只有几元钱的价值。但如果稍微动动脑筋，将米泡一泡，分成几小堆，用粽叶包成粽子，那可能就是十几元的价值了。"

企业家若有所思地点点头。

高僧又说："如果再把它适当发酵，加温，并且很用心地酿造成一瓶酒，那么，就又是几十元的价值了。"

企业家恍然大悟，连连拍手点头，表示赞同。

高僧并没有点头示意，而是继续说："一碗米的价值实际上是因人而异。区别就在于倾注时间的长短，越接近事物的本来形态，价值就越低；相反，改变越大，价值就越高。这就是米饭和美酒的差别，因为酒离米的形态最远，酿造时间最长。然而酿造的过程本身有很多不确定因素，失败的可能性甚至要大于成功的可能性。这样，你还愿意不愿意将米酿成酒呢？"

企业家陷入沉思，良久不语。后来这位企业家经过几年的打拼，终于开创了新的事业，成为一名成功的商人，并牢记禅师的教导，献身公益事业，造福一方，被广为传颂。

艰难困苦是人生的一笔财富。"人，是从苦难中滋长起来的"，这是拿破仑的名言。是的，苦难是一笔伟大的财富，我们许多人都把"万事如意""一帆风顺"看作一种幸福，岂知，人来到世上，他做的第一件事就是痛苦地啼哭，这是人生的第一个宣言，充满激情的宣言："人，只有战胜苦难，才能获得新生。"

苦难变成财富是有条件的，这个条件就是，你战胜了苦难并远离苦难不再受苦。只有在这里，苦难才是你值得骄傲的一笔人生财富。别人听着你的苦难时，也不觉得你是在念苦经，只会觉得你意志坚强，值得敬重。但如果你还在苦难之中或没有摆脱苦难的纠缠，你说什么呢？在别人听来，无异于就是请求廉价的怜悯甚至乞讨……这个时候你能说你正在享受苦难，在苦难中锻炼了品质、学会了坚韧？别人只会觉得你是在玩精神胜利、自我麻醉。

## 第四节 先垫高自己

一位年轻人满腹烦恼地去找智光大师。参加工作几年来，他觉得事事都干得很专心，做得很努力，但工作却没有什么起色，得不到领导的赏识。智光大师坐在地上，静静地听着年轻人的诉说。忽然，智光大师对年轻人说："你能帮我在油灯里添加一点灯油吗？"

油灯高高地悬于屋梁上，火苗忽明忽暗，很明显灯油已经不够，是应该加点灯油了。年轻人试着在灯下跳了几下，但那灯悬得很高，年轻人连灯都碰不到，更别说加灯油了。

于是年轻人在屋里找起梯子来，可屋里却没有梯子，就连一张桌子和椅子都没有。倒是在墙角年轻人发现了一个很笨重的大铁箱。他使劲地把大铁箱子推到灯下，然后他气喘吁吁地爬上铁箱，年轻人发现铁箱的高度还是不够，站在上面他的指尖刚好能够碰到灯，但加灯油还是不行。于是年轻人又来到室外去寻找一些可以垫脚的东西。走了好远一段路，他在路边发现了一块大石头，年轻人汗流浃背地把大石头抱回屋放到铁箱上，这样正好可以给灯添加灯油了。

智光大师问年轻人："没有那些垫脚的东西，你能给灯加入灯油吗？"

年轻人摇了摇头说："我够不着，那灯太高了。"

智光大师接着说："是太高了，但你可以先准备好一些垫脚的东西。当然，你在准备那些垫脚的东西时要付出一些辛劳和汗水，这样你才能为灯加满灯油，而灯也因为你加入灯油而明亮许多。"

看着那明亮了的灯光，年轻人恍然大悟。回去后，他不再老盯着那些好高骛远的目标，而是静下心来学习。很快他的工作有了起色。①

不必想要随时保持站在高处，那会累，其实也做不到。

比较重要的是懂得在关键时，找个垫高自己的方

---

① 罗莉丽. 先垫高自己. 思维与智慧，2010.12

法，让视野能远一些。

比方说，找个比自己有经验的人聊聊，或翻翻相关的书。这就等于是，让自己爬高了几阶，甚至爬高了几层。这会大大地帮到你看出自己的处境，看出你是从哪来，会往哪去，也能看出别人选的道路，和你有何不同，这些都是不爬高就看不见的事。

别人的经验，就是你的阶梯。

想要有一天，真能踩上巨人的肩头，眺望到最远，就开始练习吧。

## 第五节 永远不会嫌晚

发明家、科学家本杰明·富兰克林有一次接到一个年轻人的求教电话，并与他约好了见面的时间和地点。当年轻人如约而至时，本杰明的房门大敞着，而眼前的房子里却乱七八糟、一片狼藉，年轻人很是意外。没等他开口，本杰明就招呼道："你看我这房间，太不整洁了，请你在门外等候一分钟，我收拾一下，你再进来吧。"然后本杰明就轻轻地关上了房门。不到一分钟的时间，本杰明就又打开了房门，热情地把年轻人让进客厅。这时，年轻人的眼前展现出另一番景象——房间内的一切已变得井然有序，而且有两杯倒好的红酒，在淡淡的香气里漾着微波。

年轻人在诧异中，还没有把满腹的有关人生和事业的疑难问题向本杰明讲出来，本杰明就非常客气地说道："干杯！你可以走了。"手持酒杯的年轻人一下子愣住了，带着一丝尴尬和遗憾说："我还没向您请教呢……""这些……难道还不够吗？"本杰明一边微笑一边扫视着自己的房间说，"你进来又有一分钟了。""一分钟……"年轻人若有所思地说，"我懂了，您让我明白用一分钟的时间可以做许多事情，可以改变许多事情的深刻道理。"珍惜眼前的每一分每一秒，也就珍惜了所拥有的今天。

人生要以珍惜的态度把握时间，从今天开始，从现在做起。觉得为时已晚的时候，恰恰是最早的时候，安曼曾经是纽约港务局的工程师，工作多年后按规定退休。开始的时候，他很是失落。但他很快就高兴起来，因为他有了一个伟大的想法。他想创办一家自己的工程公司，要把办公楼开到全球各个角落。安曼开始一步一个脚印地实施着自己的计划，他设计的建筑遍布世界各地。在退休后的 30 多年里，他实践着自己在工作中没有机会尝试的大胆和新奇的设计，不停地创造着一个又一个令世人瞩目的经典：埃塞俄比亚首都亚的斯亚贝巴机场，华盛顿杜勒斯机场，伊朗高速公路系统，宾夕法尼亚州匹兹堡市中心建筑群……这些作品被当作大学建筑系和工程系教科书上常用的范例，也是安曼伟大梦想的见证。86 岁的时候，他完成最后一个作品——当时世界上最长的悬体公路桥——纽约韦拉扎诺海峡桥。

生活中，很多事情都是这样，如果你愿意开始，认清目标，打定主意去做一件事，永远不会嫌晚。

## 第六节 学习当一个勇者

　　星云大师表示："现在的人，学习知识比较容易，学习当一个勇者比较困难。有的人平时逞强好胜，但在危难之前，容易为人收买，忘失身负的重任，忘失做人的骨气。所以，真正的勇者，没有多年的修身养性，是不容易成功的。美国的航天员在升上太空以前，都要修习禅定，因为禅定能养成一个人的勇气。当一个人在生死之前都能无所畏惧，还有什么不能勇敢去做的呢？"

　　1965 年，一个 19 岁的美籍犹太青年考入了加州大学长滩分校，攻读电影及电子艺术专业。大三时，这个狂热地做着导演梦的小伙子拍了一部 24 分钟的短片。讲的是一对在沙漠相遇的年轻恋人的故事。

　　那时，环球公司是每一个想进入好莱坞的电影人梦中的圣地。1968 年，该公司的行政长官西德尼·乔·辛伯格偶然看到了这个青年拍的爱情短片。影片刚一放完，辛伯格便激动地从椅子上弹起来，对他的助手说："我认为它棒极了！我喜欢这个导演挑选的演员，以及影片通过演员所表现出来的风格，请你尽快安排这个导演来见我。"

　　第二天，助手向他报告：查遍资料，原来这个青年并不是导演，只是个大三学生，但不知他是哪所大学的。辛伯格回答："我不管他是什么，也不管他在哪儿，我要见他！"

　　一个星期后，助手费尽周折终于在长滩找到了这个尚在读书的青年。

"我喜欢你的电影。我们签个合同吧。"辛伯格见到这个青年时，开门见山地发出邀请。

青年犹豫地说："可我才读大三，还有一年才毕业呢。"不过，青年知道，以他这个年龄想当上大公司的电影导演几乎是不可能的，所以，他明白眼前是一个千载难逢的机会。

"你是想上大学还是想当导演？"辛伯格问。

一分钟，仅仅一分钟，青年头上开始冒汗了。他艰难但坚定地开口了："我父亲永远不会原谅我现在离开大学的。"他停顿了一下，站起身，补充道，"我是犹太人！"

辛伯格当然明白，犹太人是一个非常重视教育的民族，大学未毕业就出来工作，这是他们不可想象的事情。

当天下午，青年便与辛伯格所在的环球公司签了一份标准的"自愿服务"7年的合同。在合同的限制下，青年等于是把自己的每一分钟都卖给了环球公司。好莱坞把这叫做"死亡条约"，只有精神不正常的人或者有着疯狂野心的人才会签这种合同。

当然，这份合同对辛伯格来说也是一场豪赌：让一个名不见经传，甚至大学尚未毕业的人做导演，这可是公司从未有过的事，说其同样疯狂一点也不过分。

事实上，不论是这个青年还是辛伯格，都是"精神不正常的人"或"有着疯狂野心的人"，因为这个青年陆续拍出了《大白鲨》《外星人》《侏罗纪公园》《辛德勒名单》等传世杰作。

青年名叫斯蒂芬·斯皮尔伯格，一个电影史因之而更加辉煌的名字。

　　斯皮尔伯格选择当导演，他付出了辍学，来自父亲的怨恨以及失去长达 7 年的自由身的代价。然而，没有这些代价，没有疯狂追逐梦想的勇气，他不可能取得这样的成功，因为成功总是青睐狂者。①

　　西班牙小说家塞万提斯说过：失去财富是损失，失去朋友同样是损失，而失去勇气则是最大的损失。的确，失去什么都不要失掉勇气！勇气在，世界就在。在这个世界上，很多人之所以没有成功，并不是因为他们缺少智慧，而是他们面对事情的艰难时缺少做下去的勇气。很多时候，我们工作生活中的胜败都是勇气的较量，我们败，并不是我们能力不足，而往往是我们勇气不足。

　　星云大师说："佛教讲究'修行'，其中要修的一种就是不断进取的勇气。懦弱的人很容易被人打倒，甚至有的人不等别人打，自己就先倒下来了。其实人是不应该被打倒的，只要你有勇气，什么样的难关不能通过，什么样的苦难不能担当呢？松竹梅都要经过寒霜雨雪的考验，人有勇气和困境奋斗才能生存。"

---

① 李国 . 成功青睐敢于拼搏的狂者 . 青年博览，2007 年 01 期

# 第十四章
# 不抱怨，修炼人生的高境界

用精力和不可避免的事情抗争，就不可能再有精力重建新生。为什么车子的轮胎能经得起长途的碾磨呢？因为它不但有一定的硬度还有足够的韧性。如果我们也能像这种车胎一样，那我们也会生活得稳定和长久。

## 第一节 凡事要想开一点

美国作家达克·卡年奇曾这样写道："小时候有一天，我到一间没人住的破屋里玩。玩累后把脚放在窗台上歇着时，一点声响惊得我一跃而起，没想到左手食指上的戒指此时钩住了一只铁钉，竟把手指拉断了。我当时吓呆了，认为今生全完了。但是后来手伤痊愈，也就再没为这事烦恼。现在我几乎从不想到左手只剩四根手指。几年前，我在纽约遇见个开电梯的工人，他失去了左臂。我问他是否感到不便，他说：'只有在纫针的时候才会感到。'"

人在身处逆境时，适应环境的能力实在惊人。人可以忍受不幸，也可以战胜不幸，因为人有着惊人的潜力，只要立志发挥它，就一定能渡过难关。小说家达克顿曾认为除双目失明外，他可以忍受生活上的任何打击。但当他60多岁双目真的失明后，却说："原来失明也可忍受。人能忍受一切不幸，即使所有感官都丧失知觉，我也能在心灵中继续活着。"

话剧演员波尔赫德就是这样一位达观的女性。她风靡半个地球的舞台戏剧达50多年。当她70多岁时，突然发现自己破产了。更糟糕的是，她在乘船横渡大西洋的途中，不小心从甲板上滚落，把腿部碰伤并且伤势严重，引起了静脉炎。医生确诊后，认为必须把腿部切除。他不敢把这个决定告诉波尔赫德，怕她忍受不了这个打击。可是他低估了波尔赫德。当知道这个消息后，波尔赫德注视着医生，平静地说："既然没有别的办法，就这么办吧。"

手术那天，她神态从容地在轮椅上高声朗诵戏里的一段台词。有人问她是否在安慰自己，她回答："不，我是在安慰医生和护士。他们太辛苦了！"

乌苏拉·伯恩斯（Ursula Burns）应该算是施乐公司的创始人，她靠一个单亲母亲抚养长大，生活在曼哈顿的一个大家庭。伯恩斯非常喜欢数学，于是她妈妈就激励她展望人生，并成就了今天的她。"许多人告诉我有三个劣势，我是黑人，我是女人，我是穷人。"伯恩斯在她自传中写道，"我的母亲却不这么认为，她不断告诉我，英雄不问出处。而且她明白，教育能帮助我改变人生。"

不需要很高的智慧就可以领悟：用精力和不可避免的事情抗争，就不可能再有精力重建新生。为什么车子的轮胎能经得起长途的碾磨呢？因为它不但有一定的硬度还有足够的韧性。如果我们也能像这种车胎一样，那我们也会生活得稳定和长久。

## 第二节  心住在天堂地狱

这是有关一位日本禅师的故事：

禅师住在一间寺庙里，有一个武士前来拜访他。你们知道武士吗？就是修习剑道的人。他来看禅师，并且问那位禅师："你能告诉我，真的有地狱和天堂吗？"

　　禅师说："是有天堂、有地狱。"

　　但是武士不相信他："你能证明给我看吗？你必须证明给我看，不然我怎么能相信你呢？"

　　禅师说："我为什么要证明给你看？"

　　武士："如果你不证明，我就不相信你。"

　　然后那个禅师就开始骂他："看看你自己，你是谁，敢这样威胁我？啊！你的脸看起来就像外面虚弱肮脏的乞丐一样，你以为我会怕你，会相信你是武士吗？你的脸看起来好丑，糟透了！而且你看来这么软弱……哈……你以为你吓得了我吗？"

　　于是那个武士就拔出剑说："我会证明给你看！"

　　现在那位禅师笑了："好了！如果你要的话，现在你可以打开地狱之门。"

　　当时，那个武士心中一震，他了解禅师要借此来教导他，所以就把剑放回去。

　　这时禅师又笑了："现在你打开通往天堂的门了。"


　　当我们清晨起身，鸟鸣于窗，花香飘室，精神为之一爽，此时心如晴空明镜，纤尘不染，宛如生活在天堂一般愉悦。

　　但是我们吃一顿早饭，这颗心就时而天堂，时而地狱，甚至十法界中的饿鬼、畜生、阿修罗、人、天、声闻、缘觉、菩萨、佛的境界，都会在一天之内周游很多次。为什么呢？我们早上起床，本来无忧无虑，心境就像佛一样清凉；刷牙洗脸时，想想今天要替什么人解决困难，把什么事摆平……这时为人服务的心，就是菩萨的心；坐在餐桌上了，一看早饭还没端来，就"快点呀！快点呀！"地催，肚子饿，这饿鬼的心就生起来了；等到早饭端来了，一看只有两样菜，每天都是花生、豆腐这两样菜，简直不能入口！这样计较分别，阿修罗的心也生起来了；甚至筷子一摔，桌子一拍，大骂几句，怒从心上起，不在家吃饭了，地狱畜生的心就随着怒火炽烧而出现了；坐车上班的路上，听见身旁乘客说起非洲饥荒，看报纸大火凄惨报道，悲悯的心一生起，人天菩萨的种种心也随之出现了。你们看：一顿饭里，时而佛菩萨，时而地狱、饿鬼、畜生交缠；半天工夫，时而人天交战，时而声闻缘觉交感。我们天天在这样的心里活来死去，忽而欢喜，忽而愁苦，一时是痴迷贪恋，一时又淡泊自在，或升华于清凉法界，或辗转于名利疆场，这不就是天堂与地狱吗？

有一天，李端愿太尉问昙颖禅师："禅师！请问人们常说的地狱，到底是有还是没有呢？"

昙颖禅师回答说："无中说有，如同眼中幻境，似有还无。太尉现在从有中生无，实在好笑。如果你能看到地狱，为什么不能看到天堂呢？天堂与地狱都在一念之间，只要你内心平静无忧虑，自然就没有疑惑了。"

太尉发问："那么，内心如何平静无忧虑呢？"

昙颖禅师回答："善与恶都不思量。"

太尉又问："不思量后那心归何处啊？"

昙颖禅师说："心无所归。"

太尉再问："人如果死，发归到哪里呢？"

昙颖禅师问："不知道生，怎么知道死啊？"

太尉说："可是生我早已知晓了的。"

昙颖禅师又问："那么，你说说生从何来？"

太尉正沉思时，昙颖禅师用手直捣其胸，说："只在这里，思量个什么啊！"

太尉说："是啊，何必为此自寻烦恼呐。"

昙颖禅说师："一切源于你内心不静，所以才会让忧虑袭来。"

## 第三节 增定力，减痛苦

有个妇人经常为一些琐碎的小事大发雷霆，虽然她知道这样很不好，但是却无法控制自己。天长日久，她终于再也忍受不了了，于是去向高僧求助，希望禅道可以帮助自己摆脱痛苦。

高僧听了她的讲述之后，沉默了片刻，随后把她带到了一座禅房中，然后将门反锁之后离开了。

开始时，妇女气得破口大骂，见高僧不理会，又开始哀求，但高僧依然没有理她。后来，妇人见于事无补，终于沉默了。

高僧来到门外，问她："你现在还生气吗？"

妇人说："我现在真是恨死我自己了，我怎么会到这里来受这份罪？"

"连自己都不原谅的人怎么能心如止水？"高僧说完后拂袖而去。

过了一会儿，高僧又问她："现在你还生气吗？"

妇人说："不生气了。"

高僧又问她："那是为什么？"

妇人回答说："气也没有办法啊！"

"你的气并未消逝，还压在心里，爆发后将会更加强烈。"高僧说完后又离开了。

等高僧第三次来到门前，妇人告诉他说："我已经不生气了，因为我终于明白了不值得气。"

高僧笑着说："你现在还知道值不值，可见你的心中还有衡量，还是有气根。"

当高僧第四次站在门外的时候，妇人问高僧："大师，到底什么是气呢？"

高僧缓缓地将手中的茶水倾洒于地。妇人看了，思悟了许久后，似有所悟，随即叩谢而去。

人生是短暂的，所以，生活中不要因一些鸡毛蒜皮、微不足道的小事而耿耿于怀，为这些小事而浪费你的时间、耗费你的精力是不值得的。英国著名作家迪斯雷利曾经说过："为小事生气的人，生命是短暂的。"如果你真正理解了这句话的深刻含义，那么你就不会再为一些不值得一提的小事情而生气了。谈到生气，我们对它真是再熟悉不过了，甚至可以说，它与我们的生活息息相关。由此，我们更可以认识到，正确控制自己的情绪有多么重要了。

我们都知道，大禹治水之所以会成功，是因为他采取了引导的办法，而不是阻挡。洪水来了，是阻挡不了的，所以只能引导，让水按照我们的意愿来流向大海，这样就会成功。如果将生气比作洪水，对于那些真正生气过的、或者很容易生气的人来说，是不会觉得过分的。

当真正生气时，伴随着心跳的加速，体内荷尔蒙的上升，我们似乎完全失去了对自我的控制，似乎心理的自我调节能力在这时候已经失效，而事后回过头来，往往会后悔地说，我是想控制自己，但就是控制不了啊！是啊，控制不了，怎么办呢？

人为什么会生气？其实，生气是人的一种本能，是有利于人的生存的一种本能。因为当我们受到威胁时，自然就会生气，伴随着生气，人自身就会释放出比正常情况下大得多的能量，这种能量能帮助我们更有效地对抗威胁，从而保护自我不受伤害。所以，生气其实是人不可少的好伙伴，是生命的保护者。但另一方面，我们又显然不能不加控制地任由生气泛滥，我们不能对所有人、所有事、所有情况都施加我们自身的这种能量。很简单的例子，比如有人把我们撞倒了，那正常的人会先判断一下当时的情况，比如对方是故意的还是不小心的，如果是故意的，就需要再权衡利弊，比如对方是不是人多势众，等等。这些因素都会对我们最终的反应产生影响，最终也许我们会生气，也许不会。

现在我们的确相信生气是可控制的，甚至是可改变的，关键就是我们的认知。通过改变我们的认知，来达到控制我们的心跳速度、体内荷尔蒙含量，从而控制我们的情绪与行为，这就是控制自我的奥秘，不仅仅对于生气是如此，对于其他的情绪、情感也是如此。而要改变我们的认知，就有必要掌握一些常用的方法或技术，比如，我们常说的要全面思考问题，在快要生气时转移注意力或改变情境，等等，都是比较有效的办法，我们可以不断地尝试，最终找到最适合自己的控制生气的办法。

有人问禅师："师父，怎样才能控制情绪，遇事不生气呢？"禅师："深信因果，则不生迷惑，一切恩怨皆因果所致，无迷则无嗔。生气，就好像自己喝毒药而指望别人痛苦。"

## 第四节 人到无求品自高

一般来说，当我们有损失时，都会感到失落痛苦，但如果按照修心的法门来讲，这却是好事，因为它意味着宿债已还。因此表面上是损失，其实我们并没有失去什么，反而得到了更多。

在生活中，我们确实需要一些物质财富，但除了维持生活真正需要的以外，拥有的财富过多并不是什么好事，真正希望修行的人会把它看作一种障碍。

有这样一个故事，说的是有个人获得了一大块田地，他可以选择自己耕种或变卖这块地。他选择前一种。为了能得到足够的劳动力来帮他耕种，他娶了妻子，并生了很多孩子。有人问他说："你的孩子怎么这么多啊？"他回答说："我需要帮手。"他把一辈子都花在了这块田上，就这样，他获得了一块田，却把自己的一生都困在这块田里。

由此可以看出，不管我们的财富有多少，一旦获得财富，我们就只想维护它或增加它。将全部的心思都卷入到里面去，而贪婪、吝啬等恶习也就浮出了水面，也就是说，使我们的生活走进困境的因会不断被加强。

人到无求就不会被名所累。记得曹雪芹在《红楼梦》里有一首《好了歌》这样写道："世人都晓神仙好，唯有功名忘不了。古今将相今何在，荒冢一堆草没了！"这首诗道出了功名只不过是过眼云烟而已，随着时间的流逝，功名也会渐渐被淡忘。无论你生前的职位多高，权力多大，都不会永远伴随着你，何况，有些人为了争名夺利，竟不惜一切代价，什么拉帮结派，什么缔结关系网，什么送礼巴结，什么低三下四，种种嘴脸不堪入目。

记得一个故事，说有一位高官整天吃不好睡不香，人们都以为他是在忧国忧民，其实错了，当有人问他其中的缘故时，他竟然说出了让人意想不到的话，他说："我每天都在想谁整我，我整谁。"试想：这样的人活着能不累吗？满脑子的歪心眼，满心思的争权夺利，相互间尔虞我诈，互相倾轧，不提前衰老才怪呢？！

金庸先生在其文章中这样写道：

"在希腊神话中有三个女神：希腊主神的妻子朱诺、雅典城的守护神雅典娜和爱神维纳斯。她们三个一向自认为最美，争执不休之下便请特洛伊城的王子评定谁最美。在评定前，三位女神分别去贿赂特洛伊王子，朱诺许诺要给王子全世界最多的金子和财富；雅典娜要给他全世界无人能及的智慧，让他成为最聪明的人；维纳斯则说可以给他全世界最美的女人。特洛伊王子想，我已经是个国王，财富不少，而当个聪明人又能干什么？所以决定把金苹果给维纳斯，希望得到全世界最美的女人，最后他得到了海伦，而希腊人为了得到美人海伦去攻打特洛伊城。如果这个问题问到每一个人，你我会做出怎样的选择？我想选财富或聪明的都不在少数。如果你问我究竟想当哪种人，我希望自己有很高的智慧，可以解决人生的很多问题。

"哲学家归纳人生，最后总会发现人生其实很痛苦，有很多问题不能解决。释迦牟尼讲生、老、病、死都是痛苦的，佛家还提到'怨憎会'，一个自己不喜欢的人老是如影随形跟在旁边，分也分不了，这是一种痛苦；还有'爱别离'，和自己亲密的人分离也是痛苦；还有'永不得'，想得到的东西总是得不到，想研究的某种学问老是弄不懂，想考的大学却考不进去，做生意想赚一笔钱却赚不到，想发展得很好却不成功……总之，世界上很多事情求之不得，因为求不得而有痛苦。

"对于以上问题，佛家的解决方法是'得智慧'，得智慧后看破了人生之痛苦无可避免，这些痛苦的事情就能解决。智慧与聪明不同，聪明可以解决小问题，智慧却能解决大问题，如果实在求不得就不要求，不求就没有痛苦。中国人讲'人到无求品自高'，一个人如果不执著追求一件东西，人品自然会高尚，想争取自然要委屈自己，到了什么都不追求的境界，人也就变清高、逍遥自在了。但要达到这种境界，仍要有很高的智慧。

"曾有个人问我想当中国历史上哪两个人，我说我想当范蠡和张良这两个聪明人。因为他们建立了很大的功业，但后来功成身退，不贪财，也没做什么大官，带着漂亮老婆逍遥自在，这种人很难得。"

## 第五节　习惯控制命运

在西方的一个足球之乡，一座着火的大楼把一位母亲和婴儿困在楼上。因为当地一个著名守门员在场，楼下很多围观的人让母亲把孩子扔下来。母亲毫不犹豫地把婴儿扔了下去，守门员一下子就稳稳地将婴儿抱在手里。这时大家都嘘了一口气，可没想到那个守门员却在接住婴儿后的一刹那顺手一抛，一脚把婴儿踢了出去。

这个故事可能有点夸张了，事实上，人们怎么思考、怎么坐、怎么走路等大部分行为都是习惯。

星云大师表示："每一个人都有不同于别人的人生境遇，有时候看到别人的飞黄腾达，想想自己的不如意，就慨叹起来：'时也，运也，命也。'感伤自己命运的乖舛，更甚者就怨天尤人，埋怨老天爷捉弄命运。其实我们的命运并不是别人所能控制的，控制我们命运的力量究竟是什么呢？那就是我们自己！

"佛教说，烦恼难断，而去除习气更难。坏的习惯不但使我们终生受患无穷，并且累劫贻害不尽。习惯会左右我们的一生，习惯成自然，变成根深蒂固的习气，即成为修炼菩提的障碍。譬如一个人脾气暴躁，恶口骂人，久而久之，习以为常，就没有人缘，做事也就得不到帮助，成功的希望自然减少了。

"有的人养成吃喝嫖赌的恶习，倾家荡产、妻离子散，把幸福人生断送在自己的手中。更有一些人招摇撞骗，背信弃义，结果虽然骗得一时的享受，却把自己孤绝于众人之外，让大家对他失去了信心。

"现在有些不良的青少年，虽然家境颇为富裕，却染上坏习惯，以偷窃为乐趣，进而做出杀人抢劫的恶事，不但伤害了别人的幸福，也毁了自己的前程。坏习惯如同麻醉药，在不知不觉中会腐蚀我们的性灵，蚕食我们的生命，毁灭我们的幸福，怎么能够不戒慎恐惧！"

怎么去除坏习惯？星云大师表示："应该用观照力去除坏习惯。我童年出家时，每当不会背书或做错一点事，就会被罚跪香或拜佛。当时心想：拜佛不是很神圣的事吗？为什么会是处罚呢？以后大家不是都不爱拜佛了吗？后来，我建立佛光山，创设沙弥学园，因为沙弥年纪小，顽皮捣蛋，纠察老师罚他们跪香拜佛。

"我知道后，连说：'不可！不可！'老师问：'不然，要如何处理呢？'我说：'罚他们睡觉，不准拜佛，尤其不准他们参加早晚课诵。''那不是正中了他们的心意吗？如果这样做，他们岂不是变得越来越没有道气了吗？'我说：'不会的，因为孩子们虽然睡在床上，但钟鼓梵呗声却历历入耳，哪里会睡得着？何况当他们看到同学们都可以上殿，而自己却不能参加，他们心里会了解：睡觉是被处罚的，拜佛是光荣无比的。他们自然就会升起惭愧心，改过迁善。所以，教人，先要从人情上着手，才能再进一步谈到法情；先要去尊重他们，才能培养他们的荣誉感。'这个方法实行了半年后，沙弥们果真变得自动自发。"

### 第六节　戒律不是拿来律人的

　　谈虚大师谈到弘一大师平素持戒的功夫，就是以律己为要。他谈道："弘老到湛山不几天，大众就要求讲开示，以后又给学生研究戒律。讲开示的题目，我还记得是'律己'，主要的是让学律的人先要律己，不要拿戒律去律人，天天只见人家不对，不见自己不对，这是绝对错误的。又说平常'息谤'之法，在于'无辩'。越辩谤越深，倒不如不辩为好。譬如一张白纸，忽然染上一滴墨水，如果不去动它，它不会再往四周溅污的，假若立时想要它干净，马上去揩拭，结果污染一大片。末了他对于律己一再叮咛，让大家特别慎重！

　　"他平素持戒的功夫，就是以律己为要。口里不臧否人物，不说人是非长短。就是他的学生，一天到晚在他跟前，做错了事他也不说。如果有犯戒做错；或不对他心思的事，唯一的方法就是'律己'不吃饭。不吃饭并不是存心跟人怄气，而是在替那做错的人忏悔，恨自己的德性不能去感化他。他的学生和跟他常在一块的人，知道他的脾气，每逢在他不吃饭时，就知道有做错的事或说错的话，赶紧想法改正。一次两次，一天两天，几时等你把错改正过来之后，他才吃饭。末了，你的错处让你自己去说，他一句也不开口。平素他和人常说：戒律是拿来'律己的！'不是'律人的！'有些人不以戒律'律己'而去'律人'，这就失去戒律的意义了。"

　　"自我约束"是一个非常古老的话题，早在古代，就有"克己复礼""吾日三省吾身"等关于自我约束的观点，这也逐渐成为中华民族的传统美德。但到了现代社会，这种传统美德逐渐淡了，人们都不太在意了。

水倒在杯子里，我们就能端着杯子喝水，而如果杯子打破的话，水就会流得到处都是。因此杯子对于水而言就是一种约束。人也是这样，如果没有约束，每个人都随心所欲地去干自己想干的事情，自然环境、社会秩序被任意破坏，家不像家、单位不像单位，文明不复存在，这种没有限制"自由"所产生的结果就是大家都得不到公平公正的自由，那将会是一个多么危险的世界！

学会约束自己，也就是我们通常所说的要有自制、自律的能力，其中的关键要靠自己。从点点滴滴的小事上，最能看出一个人的素质和修养。而个人的素质和修养首先取决于他的自律能力。能不能做到自律，关键是自我控制能力的强弱，是否在心中有道德感。

自我约束，说起来似乎很容易，就是让我们自己管住自己。但是，你现在用这条标准在心里衡量一下，很多人可能都会说："自己还真没有做到。"为什么？因为世界上最大的敌人就是我们自己。

东汉时期，有个叫陈实的人，是个饱学之士，品行端正、道德高洁，远乡近邻的人因此都非常敬重他。陈实不仅自己自觉自律，对儿孙们的要求也相当严格，常常抓住各种场合和机会教育他们，而且他很注意方法，所以总能收到比较好的效果。

有一年洪水泛滥，淹没了大片村庄和良田，成千上万的人无家可归，到处逃荒，由此盗贼四处横行，天下很不太平。

一天夜里，有个小偷溜进了陈实家里。他刚准备动手偷东西，忽然听得几声咳嗽。不好，有人来了，慌乱间，小偷一时找不到妥善的藏身之处，急中生智，顺着屋内的柱子爬到大梁上伏下身子，大气也不敢喘。

陈实提着灯从里屋出来拿点东西，偶然间一抬头，瞥见了梁上的一片衣襟，他马上心知家里进了贼了。他一点都不惊慌，也不赶紧抓小偷，而是从容不迫地把晚辈们全都叫起来，将他们召集到外屋，然后十分严肃地说道："孩子们啊，品德高尚是我们为人的根本，在任何情况下，我们都应该对自己高标准、严要求，不能够因为任何借口而放纵自己、走上邪路。有些坏人，并不是一出娘胎就是天生的坏人，而是因为不能严格要求自己，慢慢地养成了不好的习惯，后来想改都改不过来了，这才沦为了坏人。比如我家梁上的那位君子，就是这种情况。我们可不能因为一时的贫困而丢掉志气、自甘堕落啊！"

听了陈实的一番教诲，梁上的小偷吃了一惊：原来自己早就被发现了。同时他又很为陈实的话所感动：他不但没抓自己反而耐心教育自己。小偷羞愧难当，就翻身爬下梁来，向陈实磕头请罪说："您说得太好了，我错了，以后再也不干这种勾当，求您宽恕我吧。"陈实和蔼地回答道："看你的样子，也并不像个坏人，也是被贫穷所逼的吧。以后要好好反省一下，要改还来得及。"说完，他又吩咐家人取来几匹白绢送给小偷。小偷感激涕零，千恩万谢地走了。

人生来是不自由的，环境约束着我们，道德规范着我们，没有绝对的自由，我们只有自律才能找到相对的自由。同样，自律也是我们做事成功的必备品格。打开自律的窗子，拥有的不仅仅是窗外的风景，等待我们的，还有人生的幸福。

# 第十五章

## 直面苦难，不抱怨

每个人都会碰到挫折和失败，当你为之痛苦时，你已得到人生的真谛和经验。人生不过是得与失连起来的，心平气和时你会发现，也许你不是处境最坏的一个。

## 第一节 人生有苦乐两面

他出生在江南，或许是江南特有的灵气，赋予了他满腹才华，再加上他玉树临风，英俊潇洒，因此更加惹人倾慕。然而，却因为一场大火，他失去了所有，包括心爱的姑娘、英俊的容貌。

满腹愁苦的他来到河边，正准备以跳河的方式结束自己的生命，正在这个时候，他遇到了一个附近寺庙里来挑水的和尚。他发现那个和尚左边的桶有点漏，滴滴答答，一路都在往下漏水。天生善良的他赶紧追上和尚，并提醒他说："你这么辛苦挑了一担水，可水桶是漏的，等走到寺院恐怕会漏掉小半桶了，赶紧换一个桶吧，这样多浪费力气呀！"

没有想到的是，和尚却坦然一笑说："没有浪费力气，你回头看一看，这桶里漏的水不是都浇了这一路的花草吗？你瞧，它们长得多好啊！"

听了和尚的话，他看了看道路两旁，发现左边的花草明显比右边的开得好，他的心情也顿时开朗起来。"也许我的容貌毁了，但是，我的灵魂里可能因此而开出更加清香的花朵。"想到此，他微笑地跟和尚告别，那个笑灿如往昔！

从此以后，他不再在意自己容貌的失去，而是把更多的精力放在了读书上，几年后他成了江南有名的才子，并在科举考试中高中榜首，他的才华并没有因为容貌而失去光华。①

★★★★★

---

① 罗俊英.修行即修心.中国华侨出版社，2013.3

云照禅师是一位得道高僧，他面容慈祥，常常带着微笑，生活态度非常积极。每次与信徒们开示时，他总是会说："人生中有那么多的快乐，所以要乐观地生活。"

云照禅师对待生活的积极态度感染着身边的人，所以在众人眼中，他俨然已经成为快乐的象征。可是有一次云照禅师生病了，卧病在床时，他不住地呻吟道："痛苦啊，好痛苦呀！"

这件事很快传遍了寺院，住持听说了，便忍不住前来责备他："生老病死乃是不可避免的事情，一个出家人总是喊苦，是不是不太合适？"

云照禅师回答："既然这是人生必不可少的经历，痛苦时为何不能叫苦？"

住持说："曾经有一次，你不慎落水，死亡面前依然面不改色，而且平时你也一直教导信徒们要快乐地生活，为什么一生病就反而一味地讲痛苦呢？"

云照禅师向着住持招了招手，说："你来，你来，请到我床前来吧。"

住持朝前走了几步，来到他床前。云照禅师轻轻地问道："住持，你刚才提到我以前一直在讲快乐，现在反而一直说痛苦，那么，请你告诉我，究竟是说快乐对呢还是说痛苦对呢？" ①

人生有苦乐的两面，太苦了，当然要提起内心的快乐；太乐了，也应该明白人生苦的真相。热烘烘的快乐，

---

① 秦浦.道家做人，儒家做事，佛家修心.中国华侨出版社，2013.1

会乐极生悲；冷冰冰的痛苦，会苦得无味；人生最好过不苦不乐的中道生活。


## 第二节 微笑的力量


今天早晨艾尔米特十分不好，甚至连平日他最爱吃的馅饼都不想吃。虽然天气晴朗，阳光明媚，可他还是感觉心里沉甸甸的，眼前也好像满天乌云。艾尔米特不想去上学了。

妈妈好几次问他怎么了，但是艾尔米特不想说话。他不想告诉妈妈，昨天算术考试，他又只考了2分，更不想告诉妈妈，因为这个，同学们都嘲笑他，而老师又用棍子打了他那只残疾的脚。

艾尔米特勉强喝了一杯牛奶，背起书包，装作往学校的方向走去。事实上，他在第一个路口就拐弯了，他决定今天逃学。他不想面对同学的嘲笑和老师的斥责。至于明天怎么办，他还不知道。

艾尔米特从来没这么早来过公园，公园里树木葱茏，鲜花盛开，鱼儿在池子里游来游去，有人在散步，还有人在喂鸽子。但是艾尔米特没有心思去看这些，他十分难过地坐在一张长椅上，几乎哭出来。

这时候一位老爷爷歪歪斜斜地走了过来，老爷爷似乎跟他一样，脚有点跛，但很明显他不像艾尔米特一样难过，他看着艾尔米特，快乐地微笑着。艾尔米特不想理他，但是他并不气馁，还是坚持向他走过来，并且一直微笑着。

　　艾尔米特有点生气，把脸扭开，不想看他。但他一直走到他身边，坐下来，把笑脸对着他，埃尔米特有点不好意思，只好往旁边挪了挪，给他让出点地方。这时候老爷爷拉拉他的衣襟，拍拍他的手，忽然笑出声来，好像有什么十分开心或者好笑的事情。

　　不知为什么，艾尔米特也忽然觉得有点好笑，忍不住咧咧嘴，笑了一下，这回老爷爷笑得更开心了。艾尔米特终于忍不住跟着笑起来。

　　这时候一位老奶奶走过来，拍拍老爷爷的肩膀，看着艾尔米特说："孩子，他没有打扰你吧？"

　　艾尔米特一边笑一边站起来说："没有，他没有打扰我。"然后笑着转身跑开了，不知为什么，他忽然觉得天空很蓝，自己的心情也变得好了起来。

　　但是，艾尔米特没有听到老奶奶后面的那句话："他没有吓到你吧，自从中风以后，他就只会对人笑，不会说话了，但他是个快乐的人，不是吗？"

　　就是这个算术从小就不及格的艾尔米特，长大以后成了卓有成就的数学家。他一直都没有忘记少年时的那个早晨，那个一直对他微笑的老人。自从那天开始，他就坚信微笑是可以传染的。在后来的生活里，每当他遇到烦恼苦闷的事情时，他就会努力地使自己微笑，微笑，然后，他就真的开心起来。①

　　**卡耐基说："笑容能照亮所有看到它的人，像穿过**

---

① 李少聪．打造阳光心态．第四军医大学出版社，2009.8

乌云的太阳，带给人们温暖。"

因为，一个微笑可以打破僵局，一个微笑可以温暖人心，一个微笑可以淡化缺点，一个微笑可以树立信心。

微笑就像一缕四月的清风，可以把你的愉悦吹拂到别人的脸上。当你向大家微笑的时候，你的微笑在感动着别人，也在感动着自己。可能你的微笑不一定是可爱的、漂亮的，但一定是美好的、温柔的，一定会让人得到心灵的宁静与平和。你的微笑可能让一些人感觉莫名其妙，可是更多的人会感觉很舒服，他们的嘴角一定也会不自觉地上扬。这个时候，世界是温暖的，天空是湛蓝的，人们是平等的。

## 第三节 积极面对所遇之事

在遇到矛盾、困难和问题时，特别是遇到不公正、不合理的对待时，如果我们一味采取消极的态度和不平的心态去看待和处理的话，那就会对社会、对事物、对人生产生不满情绪，反过来又以这种消极和灰色的心态去看待、评价我们的社会、事物和人生，从而导致认识上的偏差和错失，影响自己原有的正确信念，对自己失去信心，形成恶性循环。

积极心态不是先天就有的，而是要靠后天的学习、实践不断形成的。而且这种学习和实践还应该是主动积极、不断创新发展的，或者是从正反两个方面的经验教训中总结升华，被系统化了的深刻感受。

　　当然，对那些不公平、不合理的现象，也不能一味听之任之，应该采取合理合法的途径进行必要的抗争，不让它们逍遥法外而肆无忌惮。因此，我们要在现实社会生活中始终保持强烈的事业心、淡泊的平常心、向上的进取心，从而使我们的事业和人生更加兴旺发达，富有价值。

　　NBA 巨星科比说："面对困境，我的处理方式和很多人不一样，我不会自暴自弃，而是会去积极面对它，并努力解决难题，渡过难关。"

　　遇到挫折是好可怜的事儿。有些人却偏偏喜欢夸大痛苦，无病呻吟，那后果就更惨了。把摔破一只鸡蛋说成死了一只母鸡，还拼命地装可怜，好让听他诉说的人同情可怜他。这不是解决问题的真正办法，这是为了让别人可怜你的愚蠢的行为。积极的人生，不会把痛苦放大，更不会因为挫折而放弃前进的脚步。

　　有一个老农，他种的庄稼全被洪水淹死了。洪水过后，他把庄稼补种了一遍，虽然时令已过，路过的人都劝道："太晚了，已经不是播种的季节了。"但老农说："晚是晚了些，它不结大的穗，能不结小的么？"后来，洪水又一次把庄稼淹死了，老农的心血再一次白费了。水退之后，老农从别的地方移来新的植株，重新栽到土地上。后来，这些植株长出了干瘪的籽实。老农小心翼翼地收获着这些与劳动付出极其不相称的回报。但他没有言悔，没有把痛苦向任何人诉说，更何况放大！我看了这个故事，刹那间明白了：即使是无望的播种，也要努力去耕耘，这才是真正的积极人生。

　　雨后，一只蜘蛛艰难地向墙上已经支离破碎的网爬去，由于墙壁潮湿，它爬到一定的高度，就会掉下来，它一次次地向上爬，一次次地又掉下来……第一个人看到了，他叹了一口气，自言自语："我的一生不正如这只蜘蛛吗？忙忙碌碌而无所得。"于是，他日渐消沉。第二个人看到了，他说："这只蜘蛛真愚蠢，为什么不从旁边干燥的地方绕一下爬上去？我以后可不能像它那样愚蠢。"于是，他变得聪明起来。第三个人看到了，他立刻被蜘蛛屡败屡战的精神感动了。于是，他变得坚强起来。有成功心态者处处都能发掘成功的力量。

每个人都会碰到挫折和失败，当你为之痛苦时，你已得到人生的真谛和经验。人生不过是得与失连起来的，心平气和时你会发现，也许你不是处境最坏的一个。

一个犹太富翁在一次大生意中亏光了所有的钱并且欠下了一大笔债，他卖掉了自己所有的东西才还清债务。

此刻，他年事已高，孤独一人，穷困潦倒，唯有一只心爱的猎狗与他相依为命。在一个大雪纷飞的冬夜，他来到一座荒僻的村庄，找到一个避风的窝棚。他看到里面有一盏油灯，就用身上仅存的一根火柴点燃了油灯。但一阵风把灯吹熄了，四周立刻又漆黑一片。孤独的老人陷入黑暗之中，他对人生感到痛切的绝望，甚至想结束自己的生命。但站在身边的猎狗给了他一丝慰藉，他无奈地叹了一口气沉沉睡去。

第二天醒来，他发现心爱的猎狗也被野兽咬死在门外。抚摸着这只相依为命的猎狗，他决定结束自己的生命，他觉得这世间再也没有什么值得留恋了。于是，他想最后再看一眼周围的世界，然后自尽。

他走出窝棚，发现整个村庄都沉浸在一片可怕的寂静之中。啊，太可怕了，尸体，到处是尸体，一片狼藉。显然，这个村昨夜遭到了匪徒的洗劫，整个村庄一个活口也没留下来。

正是因为灯被吹灭，狗被咬死，他才没被匪徒发现。看到这可怕的场面，老人不由心念急转：啊！我是这里唯一幸存的人。

此时，一轮红日冉冉升起，照得四周一片光亮。老人欣慰地想：我是村庄里唯一的幸存者，我没有理由不珍惜自己。虽然我失去了心爱的猎狗，但是，我得到了生命，这才是人生最宝贵的。

老人怀着坚定的信念，迎着灿烂的太阳又出发了。①

## 第四节　积极面对痛苦

有一位老人 70 岁了又遭遇车祸，腿撞断了躺在医院接受治疗。由于人老了，新陈代谢慢，治疗的过程就显得艰难而漫长。加之老人是素食主义者，好多年都不吃肉了，只靠药物，伤口愈合也非常缓慢。老人在医院住了两个月，全家人已经疲惫不堪，痛苦万分。家人说看到老人的身体越来越瘦弱，真是可怜极了。家人痛苦，老人更痛苦。医生建议老人吃肉，说这样伤口愈合也快。老人就咬着牙开始吃肉，她吃肉的样子也是很痛苦的，

---

① 龙柒 . 放下 给你的生活开一扇窗 . 新世界出版社，2009.7

吃进去就吐，但还是反复地吃、反复地吐。为不让家人看她吃肉时的痛苦，她就把家人从病房赶出去，自己一人承受。

人人都不想承受痛苦。但痛苦却常常扮演着不速之客的角色，往往不请自到。突如其来的痛苦如同一阵骤雨、一阵怒涛，让大家来不及防范，在不知所措中就掉进了冰冷和黑暗的深井。如果大家屈服于这种痛苦，就可能感到沮丧、潦倒，甚至在绝望中走向灭亡。有的人无奈地忍受着痛苦，消极地对待。有的人选择极端的方式结束痛苦，结果留给亲人更大的痛苦。还有的人发生意外后不听医生的建议，不配合治疗，只是抱怨命运不公，长期沉浸于痛苦不能自拔，不管不顾地影响着周围人的生活。这些都是不可取的，只有以积极的态度面对眼前的痛苦和困难，缩短痛苦的周期，才能使痛苦变成一笔无价的财富。

人生是复杂多变的，无论如何，每个人都要学会承受痛苦，学会承受生活中发生的任何意外，就像上面的那位老人，能积极主动配合医生的治疗，这样不仅会让自己变得坚强自信，而且缩短了自己和家人痛苦的周期。其实人生本来就是一种承受，大家都需要学会承受痛苦，在痛苦中支撑生活，在痛苦中希冀幸福和快乐。

《少有人走的路》一书的作者斯科特·派克描述了自己主动积极面对困难的一个经历。"是人就会害羞，但是我们能够应付它。在听某些著名人士演讲时，我常想提一些问题，一些急欲知道答案的问题，并表达一些自己的看法——不管是公开说，还是在演讲后私下交流都行。但是我常常欲言又止，因为我太害羞了，害怕被拒绝或担心别人看我像个傻瓜。

　　"经过一段时间，我终于问自己：'你这样害羞，什么问题都不敢问，这会改善你的生活吗？你本应该提问，但害羞让你退缩了回来，你仔细想一想，害羞究竟是在帮助你，还是在限制你？'一旦我这样自问，答案就一清二楚了，它限制了我的发展。于是我就对自己说：'嗨，斯科特，如果你不是这么害羞的话，你将会怎么做呢？如果你是英国女王或美国总统，你将会怎么表现呢？'答案是清楚的，即我会走向演讲台说出我要说的话。所以接下来我告诉自己：'好的，那么，走向前去，按那个方式去表现，假戏真做，像你从不害羞那样去行动。'

　　"我承认做这事让人胆怯，但这正是勇气之所在。让我十分惊讶的是，没有几个人真正理解什么是勇气。多数人认为勇气就是不害怕。现在让我来告诉你，不害怕不是勇气，它是某种脑损伤。勇气是尽管你感觉害怕，但仍能迎难而上；尽管你感觉痛苦，但仍能直接面对。当你这样做的时候，会发现战胜恐惧不仅使你变得强大，而且还让你向成熟迈进了一大步。"

## 第五节　苦难是你的财富

　　马克·吐温说得好："谁没有蘸着眼泪吃过面包，谁就不懂得什么叫生活！"在一次聚会上，一些成功的实业家、明星谈笑风生，其中就有著名的汽车商约翰·艾顿。艾顿向他的朋友、后来成为英国首相的丘吉尔回忆起他的过去——他出生在一个边远小镇，父母早逝，是姐姐帮人洗衣服、干家务，挣钱将他抚育成人。姐姐出嫁后，姐夫将他撵到了舅舅家。那时他在读书，舅妈规定每天只能吃一顿饭，还得收拾马厩、剪草坪。刚工作时，他租不起房子，一年多是在郊外一处废旧的仓库里睡觉。

丘吉尔惊讶地问："以前怎么没有听你说过这些？"艾顿笑道："正在受苦或正在摆脱受苦的人是没有权利诉苦的。"他又说："苦难变成财富是有条件的，这个条件就是，你战胜了苦难并不再受苦。只有在这时，苦难才是你值得骄傲的一笔人生财富。"

艾顿的一席话，使丘吉尔重新修订了他"热爱苦难"的信条。他在自传中这样写道："苦难，是财富还是屈辱？当你战胜了苦难时，它就是你的财富；可当苦难战胜了你时，它就是你的屈辱。"

诺贝尔文学奖得主罗曼·罗兰曾经说过："痛苦像一把犁，它一面犁碎了你的心，一面掘开了生命的起点。"雄鹰的展翅高飞，是离不开最初的跌跌撞撞的。不管遭遇何种厄运，怎么样的困境，抱怨只会增加人生的负累，只要一息尚存，只要信念不倒，很多事情都能转危为安，事情永远都不会像你想象的那么糟糕，乐观积极的奋斗可以化解前进中的种种障碍。

## 第六节 痛苦掘开成功的起点

著名的作家马尔科姆·格拉德威尔（Malcolm Gladwell）说过，我们生活中许许多多的困难，其实根本都算不上是真正的困难。不过可以肯定的是，没有人愿意自己是一个有读写困难的人，或是到一个拥挤不堪的学校上学，但结果却是，那些从恶劣环境中挺过来的人，往往会从中得到收获，变得持之以恒，而且相对那些没有遇到过什么困苦的人而言，他们会更加出色。

Klout 公司创始人 Joe Fernandez 遭遇了一个非常不舒服的困境，但是这个困境结果让他想到了创业的创意：当时他的下巴受伤了，在手术后需要缝合三个月时间才能痊愈。但是他从中发现了自己曾经忽略到的东西，那就是，如果你无法说话，那么社交媒体绝对是一个进行沟通的好地方。

这让他产生了创立 Klout 公司的创意，这个网站可以评估你的社交媒体影响力。这让 Klout 这家初创公司收入达到了九位数，而且他们从 Twitter，Facebook，LinkedIn 以及其他社交媒体网站上拉取了 5 亿用户的数据。

20 世纪 50 年代，乔布斯出生在一个单亲妈妈家庭，之后一直到乔布斯上了大学，他都是依靠 Paul 和 Clara Jobs 夫妇收养长大的。但是，乔布斯在学校里经常被人欺负，特别是在中学时期，乔布斯由于成绩好跳级，他成了班上最小的一个学生，因此更容易被人欺负。最终，他拒绝上学，并要求他的父母把他送到其他地方去。他们确实这么做了，剩下的故事已经刻在历史上了。他们把家搬到了 Palo Alto，虽然学费不菲，但那里的学校更好。不过乔布斯仍然很不合群，直到他加入了学校的数学俱乐部，在那里他遇到了其他志同道合的同学。

每个人都祈求生活之路能够畅通无阻，平坦广阔，然而世事难料，不可能永远一帆风顺。如果说，芬芳的鲜花是为你的付出所盛开着的嘉奖，那么挫折就是浇灌你成功果实的肥料。当遭遇挫折、路逢坎坷的时候，懦弱躲避永远都不会顺利翻过眼前的大山，只有勇敢面对才能涉过人生的险河。在逆境、挫折面前的态度，很大程度上决定着事情的结果。

一个女孩对父亲抱怨她的生活，抱怨事事都那么艰难。她不知该如何应付生活，想要自暴自弃。她已厌倦抗争和奋斗，好像一个问题刚解决，新的问题就又出现了。

她的父亲是位厨师，他把她带进厨房。他在三只锅里分别放了一些水，然后把它们放在旺火上烧。不久锅里的水烧开了。他往第一只锅里放些胡萝卜，第二只锅里放入鸡蛋，最后一只锅里放入咖啡豆。他将它们浸入开水中煮，一句话也没说。

女儿咂咂嘴，不耐烦地等待着，纳闷父亲在做什么。大约20分钟后，他把火闭了，将鸡蛋捞出来放入一个碗内，把胡萝卜捞出来放入另一个碗内，然后又把咖啡盛到一个杯子里。做完这些后，他才转过身问女儿，"你看见什么了？"

"胡萝卜、鸡蛋、咖啡。"女儿回答。

他让她靠近些并让她用手摸摸胡萝卜。她摸了摸，发现它们变软了。父亲又让女儿拿一只鸡蛋并打破它。将壳剥掉后，她看到的是一只煮熟的鸡蛋。最后，他让女儿啜饮咖啡。品尝到香浓的咖啡，女儿笑了。她怯声问道："父亲，这意味着什么？"

他解释说，这三样东西面临同样的逆境—锅煮沸的开水，但其反应各不相同。胡萝卜入锅之前是强壮的、结实的，毫不示弱，但进入开水后，它变软了，变弱了。鸡蛋原来是易碎的，它薄薄的外壳保护着它呈液体的内部，但是经开水一煮，它的内部变硬了。而咖啡豆则很独特，进入沸水后，它们变成了水。

"哪个是你呢？"他问女儿，"当逆境找上门来时，你该如何反应？你是胡萝卜，是鸡蛋，还是咖啡豆？"①

## 第七节 失败的对面就是成功

那已是他在一年里失去的第六份工作。北风呼啸的寒冬里，他来到一家寺庙，找到一位禅师，向他诉说自己的沮丧。

他拥有英语六级证书，第一家公司却认为他口语不过关；他是电脑二级程序员，第二家公司嫌他打字速度太慢；第三家呢，他与部门经理不合，他主动炒了老板；接连第四家、第五家……

他黯淡地说："一次次全是失败，让我浪费了一年

① 马瑾文. 不抱怨做内心强大的自己. 中国长安出版社，2013.1

的时间。"

禅师一直耐心聆听，此刻说："讲个笑话给你听吧。一个探险家出发去北极，最后却到了南极，人们问他为什么，探险家答：'因为我带的是指南针，我找不到北。'"

他说："怎么可能呢，南极的对面不就是北极吗？转个头就可以了。"

禅师反问："那么失败的对面，不就是成功吗？"

在瞬间，他如大梦初醒，彻底懂得了失败的宝贵。

★★★★★

保罗·狄克的祖父留给他一座美丽的森林公园，他一直为自己所拥有的而自豪，可是不幸的事情发生了，一道剧烈的雷电引发了一场大火，无情地烧毁了那片郁郁葱葱的森林，伤心的保罗决定要向银行贷款，恢复森林公园以往的勃勃生机，可是遭到银行拒绝。

沮丧的保罗茶饭不思的在家里躺了好几天，太太怕他闷出病来，就劝他出去散散心。保罗走到一条街的拐角处，看见一家店铺门口人山人海，原来是一些家庭主妇在排队购买用于烤肉和冬季取暖用的木炭，看到那一截截堆在箱子里的木炭，保罗忽然眼前一亮。回去后，保罗雇了几个炭工，把庄园里烧焦的木炭加工成优质木炭，分装成1000箱，送到集市上的木炭分销店。结果，那1000箱木炭没多久就被抢购一空。这样保罗便获得了一笔不小的收入，在第二年春天又购买了一大批树苗，终于使得他的庄园重新绿浪滚滚。

其实，在这个世界上，并没有绝对的失败，失败的往往是我们对待问题的方法和态度，所以很多时候，埋没天才的不是别人，而是自己。成功的路不止一条，如果我们是真正不懈的追求者，在挫折和失败将临时，千万不要停下脚步，因为很多时候，失败就是滔天大水上的一座很能吓人的独木桥，走过去，对面就是成功。

## 第八节　照亮别人也照亮你自己

一个禅师走在漆黑的路上，因为路太黑，行人之间难免磕磕碰碰，禅师也被行人撞了好几下。他继续向前走，远远看见有人提着灯笼向他走过来，这时旁边有个路人说道："这个瞎子真奇怪，明明看不见，却每天晚上打着灯笼！"

禅师也觉得非常奇怪，他便上前问道："你真的是盲人吗？"

那个人说："是的。"

禅师问道："既然这样，你为什么还要打灯笼呢？"

盲人说："听别人说，每到晚上，人们都变成了和我一样的盲人，因为夜晚没有灯光，所以就在晚上打着灯笼出来。"

禅师非常震动，感叹道："原来你所做的一切都是为了别人！"

盲人沉思了一会儿，回答说："不是，为的是自己！"并问："你刚才过来有没有被别人撞过？"

禅师说："有呀。"

　　盲人说："我从来没有被人碰到过。因为灯笼既为别人照了亮，他们也不会因为看不见而撞到我了。"

　　与人方便，自己方便，利益是互惠的。只有善待他人，才能得到善待。你一定会很惊讶，卡内基作为钢铁大王却对钢铁制造不甚了解，那么他是如何成功的呢？关键就在于他知道如何与人分享利益，从而获得人们的支持。任何一笔成功的交易和谈判都应是双方互惠互利的，只想己方利益的人在生意场上是不可能获得长期合作伙伴的。一个好的商人必须站在对方的角度为对方想一想，如此才能达成双方的一致、合作以及今后的进一步往来。如果只是固执己见，不肯做出丝毫让步，不仅谈判达不到目的，业务不能成交，而且还有可能失掉你的客户和合作伙伴，没有人喜欢与斤斤计较、一毛不拔的人打交道。

　　但需要注意的是，与人交往，不要过分对别人好，人情投资不可过度，要留有余地，要适当保持距离。爱得太多，会给对方压力。

# 第十六章

## 面对逆境，成长而不抱怨

逆境所造就的品质「犹如名贵的香料，当它们一经焚烧或被碾碎，就能发出最浓烈的香味」。在逆境中走出来的人，其人格是伟大的。

## 第一节 让我们成长的是逆境

寒冬腊月，一个法号滴水的和尚前去天龙寺拜见仪山禅师。天下着大雪，仪山禅师却不让他进门："我这里又不是收容所，不收留那些居无定所的人！"就这样，和尚在门外一跪就是三天。

到了第四天，和尚身上冻裂的地方开始流血。他一次次地倒下，又一次次地爬起来，但依然跪着……仪山禅师下令："谁也不许开门，否则就将他逐出门外！"

七天之后，滴水和尚支撑不住，倒下了。仪山禅师出来，见他尚有一丝呼吸，便下令将他扶了进去。滴水和尚终于进了仪山禅师门下参学。

一天，滴水和尚求教仪山禅师："无字与般若有什么区别呢？"话刚说完，仪山便一拳飞来："这个问题岂是你能问的！滚出去！"

滴水被打得头晕目眩，耳朵里充斥着仪山的吼声。忽然间，滴水明白了："有与无都是自己的肤浅意识，你看我有，我看我无。"

还有一次，滴水着凉了，正要用纸擤鼻涕，仪山看到了，大声喝道："你的鼻子比别人的血汗珍贵吗？你这不是在糟蹋白纸吗？"之后滴水不敢再擦了。

很多人都难以忍受仪山的冷酷无情，可滴水却说："人间有三种出家人，下等僧利用师门的影响，来发扬光大自己；中等僧欣赏家师的慈悲，步步追随；上等僧在师父的铁锤下日益强壮，终会找到自己的天空。"

**其实，感恩与成功，常是来自于痛苦与磨难。人只**

有在苦难的折磨中，心志才会得以磨炼，才干才会得以增长，生命的光芒才会得以绽放。[①]

英国作家和诗人莎士比亚，原来只不过是替人看管马匹的，还曾在剧院中做过打杂工，但他不因身处逆境而怨天尤人，一有空闲便从剧院的门缝和小孔里偷看戏台上的演出。他凭着执着的"偷学"精神，终闻名于世。道尔顿是英国杰出的化学家、物理学家，出身贫寒，无钱上学，并且是一个色盲者。但他以惊人的毅力，自学成才，15岁时便离开家乡自谋生路。在给一个学校校长当助理的12年里，一边工作，一边读书，写下了"午夜方眠，黎明即起"的座右铭激励自己，在哲学家高夫的帮助下自修拉丁文、法文、数学和自然哲学等，后来，在多家学院任数学和自然哲学教授。经过艰苦的努力，积累了大量的科学知识，35岁时发现了气体分压定律，创立了倍比定律和"道尔顿原子学说"，提出了原子量表。因其杰出贡献，被恩格斯高度赞扬为"近代化学之父"……

正如恶劣的品质可以在幸福中暴露出来，最美好的品质也是在逆境中被显现。逆境所造就的品质"犹如名贵的香料，当它们一经焚烧或被碾碎，就能发出最浓烈的香味"。在逆境中走出来的人，其人格是伟大的。

在逆境中能控制自己意志力的普通人，具有推动社会的伟大力量。这种巨大的力量可以实现他的期待。如果意志力坚固得像磐石，并以这种意志力引导自己朝着成功的方向迈进，那么，他所面对的一切困难，都会转化为推动成功这台机器向前进的助推器。

---

[①] 普洱.淡定，不浮躁的活法.中国商业出版社，2011.7

## 第二节 逆境激发潜能

安东尼·布尔盖斯40岁的时候，得知自己患了脑癌，而且最多能活一年。他知道自己必须和命运搏斗。当时，由于破产，他没有任何东西可以留给自己的妻子琳娜，而她马上就要成为一个寡妇了。

布尔盖斯并不是一个职业小说家，但他知道自己具有写作的潜质。为了给琳娜留点钱，他开始尝试写小说。他不知道自己写的东西能否出版，然而他别无选择。

他说："那是1960年的1月，医生预言我只能活过当年夏天了。我的生命将随着秋叶的飘落而凋零。"

那段时间，布尔盖斯拼命写作。在新年的钟声敲响之前，他完成了五部小说——这个数字接近英国小说家福斯特毕生的创作，两倍于美国小说家塞林格的创作。

然而，布尔盖斯并没有死。他的病情得到了缓解，癌细胞逐渐消失。当然，妻子也没有成为寡妇，他们仍然快乐地生活在一起。

从此之后，小说创作成为布尔盖斯毕生的职业（其代表作为《发条橙》）。他一生写了70多部书，算得上是一个极为高产的作家。然而如果没有那个可怕的死亡预言，他也许根本就不会从事写作。

人的潜能是不可估量的，只有在困境中激发人的求生意志，才有可能发掘自己的潜能。

一个人在高山之巅的鹰巢里，抓到了一只幼鹰，他把幼鹰带回家，养在鸡笼里。这只幼鹰和鸡一起啄食、嬉闹和休息。它以为自己是一只鸡。这只鹰渐渐长大，羽翼丰满了，主人想把它训练成猎鹰，可是由于终日和鸡混在一起，它已经变得和鸡完全一样，根本没有飞的愿望了。主人试了各种办法，都毫无效果，最后把它带到山顶上，一把将它扔了出去。这只鹰像块石头似的，直掉下去，慌乱之中它拼命地扑打翅膀，就这样，它终于飞了起来！

## 第三节　冷落挖掘潜能

生活中，常听到有人埋怨"人一走茶就凉"，"门前冷落车马稀"，有些人接受不了被人冷落的滋味，尤其是曾经春风得意，众人簇拥，面对"冷落"，更难以接受，变得意志消沉，一蹶不振，最终使自己陷入自我封闭、孤独寂寞的困境而难以自拔。

实际上，"冷落"作为一种客观存在的社会现象，每一个生活在社会中的人，或多或少，或轻或重，都会遇到。

一个人的形象是否高大，并不在于他所处的位置，而在于他的人格、胸襟和修养。一个人对待冷落的态度，却决定着他的未来，一个人的冷落常常能挖掘出另一个人无限的潜能，成为他事业成功的助燃剂。

有一位知名的画家，年轻未成名的时候拿着自己的画到省城，想请一位知名的画家指点指点，知名画家见他是无名小卒，连画轴都没让他打开，便下了逐客令。当他走到门口，转过身来说了一句话："老师，您现在站在山顶上，看我这个无名小卒，把我看得很渺小；但您也应该知道，我在山下往上看您，您也同样很渺小！"这次冷遇让他从此发奋学艺，终于成了知名画家。

战国时期，齐国的相国孟尝君地位显赫，由于他礼贤下士，广纳贤人，门下有食客三千。后来，因为遭人陷害，被齐王罢了官，削职为民，处境危险。俗话说"树倒猢狲散"，顷刻间三千门客尽数散尽，全不念孟尝君往日的供养之恩，只有一位叫冯谖的人寸步不离地跟着他。

不久，在冯谖的计谋周旋下，孟尝君又官复原职，还得到了比原来更多的封赏。消息传出，散尽的门客又都纷纷回来归附于他。

孟尝君怎能不生气呢？他愤愤地说，以前我不敢有半点怠慢他们的地方，一旦我出事，他们全都跑了。这些人还有什么脸来见我呢？如果有人来见我，"必唾其面而大辱之"。

冯谖说："富贵时朋友多，贫贱时朋友少，事情本来就是这样啊。就好像早上集市开门时，人人都往里挤，侧着肩膀也要挤进去；傍晚集市关门时，人人都急着离开，就是抓住他的胳膊他也不回头。他们并不是喜欢早晨而讨厌傍晚，利益所驱，就是人们行事的标准。"

冯谖劝孟尝君不要赌气而阻塞了用人之道，要依然像过去一样礼遇门客。孟尝君虚心接受了他的意见。后来，当孟尝君几次遭受危难，几遇性命之危，多亏他的门客解救了他。①

　　面对冷落，我们应当首先承认它的存在，允许它的发生。因为"事之固然"，人生本来就是有起有伏，也要允许别人对自己的态度有冷有热，这是人之常情。唯有如此，我们才会直面冷落，既不回避，也不惧怕。

## 第四节　困难面前学会变通

　　三个旅行者早上出门时，一个旅行者带了一把伞，另一个旅行者拿了一根拐杖，第三个旅行者什么也没有拿。晚上归来，拿伞的旅行者淋得浑身是水，拿拐杖的旅行者跌得满身是伤，而第三个旅行者却安然无恙，于是，前两个旅行者很纳闷，问第三个旅行者："你怎么会没有事呢？"第三个旅行者没有回答，而是问拿伞的旅行者："你为什么会淋湿而没有摔伤呢？"拿伞的旅行者说："当大雨来到的时候我因为有了伞，就大胆地在雨中走，却不知怎么就被淋湿了。当我走在泥泞坎坷的路上时，我因为没有拐杖，所以走得非常小心，专拣平坦的地方走，所以没有摔伤。"然后，第三个旅行者又问拿拐杖的旅行者："你为什么没有淋湿而摔伤了呢？"拿拐杖的旅行者说："当大雨来临的时候，我因为没有带雨伞，便拣能躲雨的地方走，所以没有淋湿。当我走在泥泞坎坷的路上时，我便用拐杖拄着走，却不知为什么常

①华业.做人越简单越好.中国商业出版社，2010.9

常跌跤。"第三个旅行者听后笑笑说："这就是为什么你们拿伞的淋湿了，拿拐杖的跌伤了，而我却安然无恙的原因。当大雨来时我躲着走，当路不好时我小心地走，所以我没有淋湿也没有跌伤。"

确实，现实生活中，当我们遇到不同的情况，尤其是困难的时候，必须学会变通。[①]

美国威克教授曾经做过一个有趣的实验。他把一些蜜蜂和苍蝇同时放进一只平放的玻璃瓶里，使瓶底对着光亮处，瓶口对着暗处。结果，那些蜜蜂拼命地朝着光亮处挣扎，最终气力衰竭而死；而乱窜的苍蝇竟都溜出细口瓶颈逃生。

这一实验告诉我们：在充满不确定性的环境中，有时我们需要的不是朝着既定方向的执著努力，而是在随机应变中寻找求生的路；不是对规则的遵循，而是对规则的突破。我们不能否认执著对人生的推动作用，但也应看到，在一个经常变化的世界里，灵活机动比有序的衰亡好得多。

思维不能变通与转弯的人，只会陷在死胡同中，永远找不到自己的出路。不知变通的人，不仅无法宽容别人，更糟糕的是还会害人又害己。现实生活中的进退之道也是如此，若不想让故事中的蠢事发生，那么面对难缠的人的时候就多绕几个圈，别老是钻牛角尖。别把自己的脑子加上了大锁，多以开放的心来接纳外界的讯息，才能彼此互动，激荡出创意的火花。

西方有一句谚语："上帝向你关上一道门，就会在

---

① 秦浦.道家做人，儒家做事，佛家修心.中国华侨出版社，2013.1

别处给你打开一扇窗。"只要我们不拒绝变化，并且善于变化自己的思维习惯，善于改变自己的观念，我们就能走出困境，进入新的天地。让生活多转个弯，人生不必有那样多的执著，既然前面的路行不通，那就走路边的小径吧！

## 第五节　渡过逆流走向更高层

人生必须渡过逆流才能走向更高的层次，最重要的是永远看得起自己。

有一天某个农夫的一头驴子，不小心掉进一口枯井里，农夫绞尽脑汁想办法救出驴子，但几个小时过去了，驴子还在井里痛苦地哀嚎着。

最后，这位农夫决定放弃，他想这头驴子年纪大了，不值得大费周章去把它救出来，不过无论如何，这口井还是得填起来。于是农夫便请来左邻右舍帮忙一起将井中的驴子埋了，以免除它的痛苦。

农夫的邻居们人手一把铲子，开始将泥土铲进枯井中。当这头驴子了解到自己的处境时，刚开始哭得很凄惨。但出人意料的是，一会儿之后这头驴子就安静下来了。农夫好奇地探头往井底一看，出现在眼前的景象令他大吃一惊：当铲进井里的泥土落在驴子的背部时，驴子的反应令人称奇——它将泥土抖落在一旁，然后站到铲进的泥土堆上面！

就这样，驴子将大家铲到它身上的泥土全数抖落在井底，然后再站上去。很快的，这只驴子便得意地上升到井口，然后在众人惊讶的表情中快步地跑开了！

就如驴子的情况，在生命的旅程中，有时候我们难免会陷入"枯井"里，各式各样的"泥沙"倾倒在我们身上，而想要从这些"枯井"解脱的秘诀就是：将"泥沙"抖落掉，然后站到上面去！

事实上，我们在生活中所遭遇的种种困难挫折就是加诸在我们身上的"泥沙"。然而，换个角度看，它们也是一块块的垫脚石，只要我们锲而不舍地将它们抖落掉，然后站上去，那么即使是掉到最深的井中，我们也能安然地解脱。本来看似要活埋驴子的举动，由于驴子处理困境的态度不同，实际上却帮助了它，成为改变驴子命运的要素之一。如果我们以肯定、沉着、稳重的态度面对困境，助力往往就潜藏在困境中。一切都决定于我们自己，学习放下一切得失，勇往直前地迈向理想：我们应该不断地建立信心、希望和无条件的爱，这些都是帮助我们从生命中的枯井中解脱并找到自己的工具。

抖落你身上的忧愁与痛苦，踩在脚下，它们是使你自我提升的基石。

态度是改变命运的要素之一。如果我们以肯定、沉着稳重的态度面对困境，潜力往往就潜藏在困境中。机遇不会垂青于自怨自艾的懦夫，只有扼住命运喉咙的强者才会获得人生的机遇。一切都决定于我们自己，我们必须懂得放下一切得失，勇往直前迈向理想。

人生不是百米赛跑，而是一场漫长的马拉松。在人生的跑道上，不要仅仅看到眼前的一点胜利，而是将自己的目光放得更长远，取得最后的胜利才是最成功的人生。

第十七章

不抱怨，重拾快乐的自己

有时候，我们好像愿意承认自己无法掌控自己，只能可怜地任人摆布。但一个成熟的人能够握住自己快乐的钥匙，他不期待别人使他快乐，反而能将快乐与幸福带给别人。

## 第一节 不能放弃积极正面的心态

人们的情绪在很多时候都被外界环境所影响，甚至很小的变化都能做到这一点，比如每天的天气。天气晴朗舒适，心情也就跟着开始舒畅，甚至会激动兴奋；相反，哪天的天气开始变得阴沉多雾，那么人的心情也就会变得郁闷、不开心；假如外面下起倾盆大雨，那么有人似乎也会有要流泪的冲动。

但请记住，世界上最珍贵的东西都是免费的！请珍惜我们所拥有的！（1）阳光，是免费的。（2）空气，是免费的。（3）爱情，是免费的。（4）亲情，是免费的。（5）友情，是免费的。（6）梦想，是免费的。（7）信念，是免费的。那么多美好的东西都是免费的，不要再叹气了，造物主早已把最珍贵的一切，免费地给予了我们每个人。

因此，如果你在工作中遭遇到了一个问题，不要立刻把它当成是坏事，或者忙不迭地把它推给上司或其他同事去解决。而是需要乐观地去面对，冷静地判断问题可能产生的影响。思考问题发生的原因以及以前是否出现过类似问题。研究导致问题的环境因素，弄清楚这些因素是如何随着时间变化的。对问题有一个前瞻性的预测，看前景会向好的方向发展还是坏的方向发展。然后，开动脑筋思考，如何才能把问题转变成一个积极的机会。

几年前，位于佛蒙特州伯灵顿市的莱诺食品公司，是一家为本·杰瑞斯公司供应干面团制作巧克力甜酥饼的公司，由于业务量急剧下滑，有25%的员工被列入了裁员计划。一群员工自发组织起来，努力寻找扭转危局的办法。最后，他们设计出了一个方案，召集员工志愿到那些需要临时帮忙的本地公司去打工，从中领取相应薪金。

公司同意保留志愿者们的工作资历和福利待遇，并为那些不得不在临时工作岗位上领取较低薪金的人弥补差额。如此一来，没有人需要被解雇了。公司人力资源主管马林·戴利认为，"员工们的这一举动，在一个可能发生灾难性后果的时刻，真正起了作用……它将公司所有的成员凝聚成了一个坚强的团队。"

在消极的解决方案中寻找积极的因素。退后一步，或是放长眼光，从而看清局势。权衡各种可供选择的方案，分析其利弊得失，从而确定最佳的行动路径以及你能执行方案的那一部分内容。

## 第二节 学会不在意

从台湾归来定居的 111 岁老人陈椿有一句话说得极妙："一件事，想通了是天堂，想不通就是地狱。既然活着，就要活好。"有些事是否能引来麻烦和烦恼，完全取决于我们自己如何看待和处理它。所谓事在人为，结果就大相径庭。这就需要我们首先学会不在意，换一种思维方式来面对眼前的一切。

人一生中要经历太多的磨难和不幸，会受到太多误解和诽谤，这时候就需要一份淡定和从容，因为此时悲愤和抱怨只能适得其反，一个人要有所成就要心怀宽广，看淡世事，宠辱不惊。

　　不在意，就是面对鸡毛蒜皮微不足道的小事，不要去钻牛角尖，不为这么一点小事着急上火，以致因小失大，后悔莫及；面对名利，也淡泊宁静，不过于计较得失；不在意，是在给自己设一道心理保护防线，不仅不主动制造烦恼的信息刺激自我，而且面对真正的负面信息，也处之泰然，做到"身稳如山岳，心静似止水"。这既可以自我保护，又能让自己坚守目标、排除干扰，将更多的精力集中于大事上。

　　有一对夫妇吃饭闲谈。那妻子也是兴之所至，一不小心冒出一句不太顺耳的话来，同样没料到的是，丈夫细细地分析了一番，于是心中不快，与妻子争吵起来，直至掀翻了饭桌，拂袖而去。

　　在我们的生活中，这样的例子并不少见，细细想来，当然是因小失大，得不偿失的。我们不得不说，他们实在有点小心眼，太在意身边那些琐事了。其实，许多人的烦恼并非是由多么大的事情引起的，而恰恰是来自对身边一些琐事的过分在意、计较和"较真"。

　　比如，在一些人那里，别人说的话，他们喜欢句句琢磨，对别人的过错更是加倍抱怨；对自己的得失喜欢耿耿于怀，对于周围的一切都易于敏感，而且总是曲解和夸张外来信息。这种人其实是在用一种狭隘、幼稚的认知方式，为自己营造可怕的心灵监狱，这是十足的自寻烦恼。他们不仅使自己活得很累，而且也使周围的人活得很无奈，于是他们给自己编织了一个痛苦的人生。

　　对于生活中的很多事情，我们都可以试着不在意，忍人所不能忍，容人所不能容，主动退让，宽以待人，少计较得失，这于人于己都会是有利的。

## 第三节 快乐自己把握

一位作家讲过这样一个事情："我爱看《快乐老人报》，每逢星期二、星期五我都要去县报刊零售部将这份报纸买到手。这不！正逢 11 月 23 日（星期二）《快乐老人报》到来了，我邀邻居好友同去报摊买了这份好看的报纸。买好后我很礼貌地对报贩说了声"谢谢"，但报贩因忙着清理报纸，没有理我。买完报纸，我们边走边聊时，邻居说：'这人态度真差。'我回答说：'他每天都是这样的。'邻居又问我：'那么你为什么还要对他那么客气？'我回答道：'没有他，我能看到这份好报吗？没必要为别人来生气。'"

每人心中都有把"快乐的钥匙"，但我们却常在不知不觉中把它交给别人掌管。我们经常听到有的人说：如果我儿子的学习成绩能拿个第一（或者学习有进步），那我就太高兴了；如果我孩子的身体健壮一点，那我就是最幸福的人了。这是把自己的快乐交给了孩子，实际上在您拥有孩子的那一刻起，您就是最幸福的人了，因为您已经拥有了世界上最美好的：老婆、孩子。孩子们来到这个世界就已经开始了他自己的生命之旅，当然就不会是事事皆顺，总会有这样那样的问题存在，他的快乐是您的快乐，他不高兴的时候，也是他的财富，也应该为此而快乐。

也会有这样的声音：今天老板看见我没有微笑，唉，不知我又做错了什么？这是把自己的快乐交给了老板。老板对我们好，那是大家的荣幸，对我们不咸不淡，那是他的本分，我们何必为了老板的一个不那么重要的微笑而把自己的快乐丢掉呢？我们工作是为了自己的生活，而不是去为了老板的高兴与否，我们还是快乐起来吧。

有的老师会说：我的那帮学生太不听话了，气死我了。此时，学生已经掌握了您的快乐。俗话说十个手指还不一般长呢，有个别学生不听话，甚至是一个刺头，那也是再正常不过了，而您的快乐就是能够天天和一群朝气蓬勃的学生生活在一起，能够天天被他们的青春感染。

还有很多：今天又是一个阴天，见不到太阳，太郁闷了；今天太阳高照，晒得人难受；那个人对着我发出了坏笑，肯定不是个好人；那个人走过来都没有正眼瞧我一眼，我好失败啊……

生活中处处存在着快乐，就看您把快乐的钥匙交给谁，如果您交给了与您毫不相干的人或是事，那你就不会得到快乐，甚至是得到苦恼；如果您把快乐的钥匙攥在自己的手里，那就会快乐无限，就会处处发现快乐，就会生活在幸福之中。

当我们容许别人掌控我们的情绪时，便觉得自己是受害者，对现有的境况无能为力，似乎只能从抱怨与愤怒中寻找平衡。我们开始怪罪他人，并且传达一个信息："我这样痛苦都是你造成的，你要为我的痛苦负责！"此时我们就把一个重大的责任推给周围的人，即要求他们使我们快乐。我们好像愿意承认自己无法掌控自己，只能可怜地任人摆布。但一个成熟的人能够握住自己快乐的钥匙，他不期待别人使他快乐，反而能将快乐与幸福带给别人。他的情绪稳定，为自己负责，和他在一起是种享受，而不是压力。你的快乐钥匙在哪里？在别人手中吗？快去把它拿回来吧！

赶快找回自己失掉的快乐钥匙吧，打开我们的心扉，让我们生活在快乐之中，幸福地走向生活……

## 第四节 快乐，不假外求

一个小和尚在庙里待烦了，总觉得心情烦闷、忧郁，高兴不起来，就去向师父圆通和尚诉说烦恼。圆通和尚听完徒弟的抱怨后说："快乐是在心里，不假外求，求即往往不得，转为烦恼。快乐是心里的一种状态，内心淡然，则无往而不乐。"

接着，他给徒弟讲了这样一个故事：

某个村落有个老爷，一年到头的口头禅是"太好了，太好了"。有时一连几天下雨，村民们都为久雨不晴而大发牢骚，他也说："太好了，这些雨若是在一天内全部下来，岂不泛滥成灾，把村落冲走了？神明特地把雨量分成几天下，这不是值得庆幸的事吗？"

有一次，太好老爷的太太患了重病。村民们以为，这次他不会再说"太好了"吧。于是，都特地去探望老太太。哪知一进门，老爷还是连说"太好了，太好了"。村民不禁大为光火，问他："老爷，你未免太过分了吧？太太患了重病，你还口口声声太好了，这到底存的是什么心呀？"

老爷说："哎呀，你们有所不知。我活了这么一大把年纪，始终是老婆照顾我，这次她患了病，我就有机会好好照顾她了。"

讲完了故事，圆通和尚启发弟子说："生活在世上，能把坏事从另一个角度看成是好事，不是很有启示吗？只要抱着积极乐观的态度，面对一切遭遇，就没有什么摆脱不了的忧郁。"①

有一种心灵总是彷徨地走在深夜的街上，或囚闭在自己居室的电脑前。无论天上是否飘着雨，总是心情愁郁。一天天地重复着以前的日子，工作，上班，吃饭，睡觉，不知道自己想要一个什么样的生活。其实，每一天的生活都是一样的，没有什么不同，真正缺少的就是来自内心的快乐。

当我们在都市里生活久了，就渐渐地体会到每一个背影之后的不易。生活中有太多的不如意，美好的愿望难以实现，既定的人生目标未能达到，竞争压力、生存压力、环境压力如影随形；事业与生活的艰辛与繁芜及遭受到的种种委屈等，都会侵扰我们的心灵，使我们时常感到精神不快的隐痛。这种不快的隐痛不是肉体的肿瘤，用刀就可以将之切除。所以，只能找出其中不快的

① 吴正清.生活佛 不生气的智慧.新世界出版社，2010.6

根源并给予应对。雕塑家罗丹说过："其实生活不是缺少快乐，而是缺少发现。"快乐并非天外来客，只要你调整好了自己的心态与生活方式，就不必刻意地到处寻找快乐，快乐就在你自己身边。

## 第五节 你为自己而活

释迦牟尼在一次法会上说，有个商人娶了四个老婆：第一个老婆伶俐可爱，像影子一样陪在他身边；第二个老婆是他抢来的，美丽而让人羡慕；第三个老婆为他打理日常琐事，不让他为生活操心；第四个老婆整天都最忙，但他不知道她忙什么。

商人要出远门，因旅途辛苦，他问哪一个老婆愿意陪伴自己。第一个老婆说："我不陪你，你自己去吧！"第二个老婆说："是你把我抢来的，我也不去！"第三个老婆说："我无法忍受风餐露宿之苦，我最多送你到城郊！"第四个老婆说："无论你到了哪里我都会跟着你，因为你是我的主人。"

商人听了四个老婆的话颇为感慨："关键时刻还是第四个老婆好！"于是他就带着第四个老婆开始了他的长途跋涉。

释迦牟尼对众人说道："你们明白吗？这四个老婆就是你们自己！"

第一个老婆是指肉体，人死后肉体要与自己分开的；第二个老婆是指金钱，许多人为了金钱辛劳一辈子，死后却分文不带，无非是水中捞月；第三个老婆是指自己的妻子，生前相依为命，死后还是要分开；第四个老婆是指个人的天性，你可以不在乎它，但它会永远在乎你，无论你是贫还是富，它永远不会背叛你。

在寺庙里，经常会看到大师在早晚课时颂唱佛曲，很多僧人都觉得这是件辛苦的事情，但是乐天和尚却几乎达到了佛曲不离口的程度。无论在寺院里值更，还是到各地化缘，他总是哼哼唧唧地、乐陶陶地唱个不停。从《弥勒佛曲》《如来藏佛曲》《释迦牟尼佛曲》《观音佛曲》……他总是哼了一气儿又一气，唱了一曲又一曲，从不在乎别人异样的目光。

有一天，一个跟随他化缘的小和尚忍受不住心中的疑惑，问乐天和尚："师兄，我们都觉得唱佛曲是件很辛苦的事情，但我看你总是整天乐颠颠地唱个没完，你不觉得累吗？究竟是唱给谁听呢？"

"当然是唱给释迦牟尼佛听，唱给菩萨听了。"乐天和尚一边哼唱着一边说。

"哦，你在寺院里是唱给佛听，唱给菩萨听，可是我们现在来到乡间野外，也是唱给他们听吗？他们听得到吗？"小和尚笑嘻嘻地说，"再说，你有时间唱，佛和菩萨还不一定有时间听呢。"

"那就唱给自己听。"乐天依然乐呵呵地说。

"师兄拿佛曲唱给自己听，不怕有失对佛的敬仰吗？"小和尚不解地问。

"那就唱给清风听。"乐天和尚笑得更舒畅了，手舞足蹈地说，"对了对了，清风是佛曲的载体，清风是我的知音。"

听到这番疯癫的话，小和尚觉得还有一些道理，也跟着哼了起来。

同样是歌唱，如果是为别人唱，就难免有倦怠之情，如果是给自己唱，就是无限颐情。唱歌如此，学习工作更是如此。为你自己而工作，你便不会觉得累。如果每个人都为自己而活，就没什么不快乐。只要你乐此不疲、持之以恒地扮好自己的角色，做好自己的事情，就是愉快的。①

苹果创始人乔布斯曾这样说过："你的时间有限，所以不要为别人而活。不要被教条所限，不要活在别人的观念里。不要让别人的意见左右自己内心的声音。最重要的是，勇敢地去追随自己的心灵和直觉，只有自己的心灵和直觉才知道你自己的真实想法，其他一切都是次要。你是否已经厌倦了为别人而活？不要犹豫，这是你的生活，你拥有绝对的自主权来决定如何生活，不要被其他人的所作所为所束缚。给自己一个培养自己创造力的机会，不要害怕，不要担心。过自己选择的生活，做自己的老板！"

## 第六节 量力而行，循序渐进

曾经有一位武术大师隐居于森林中。

---

① 吴正清.生活佛 不生气的智慧.新世界出版社，2010.6

听到他的名声，人们都不远千里来寻找他，想跟他学些武术方面的秘诀。

他们到达深山的时候，发现大师正从山谷里挑水。他挑得不多，两只木桶里的水都没有装满。按他们的想象，大师应该拿很大的桶挑水而且挑得满满的。

他们不解地问："大师，这是什么道理？"大师说："挑水之道并不在于挑多，而在于挑得够用。一味贪多，适得其反。"

众人都困惑不解。

大师从他们中拉了一个人，让他从山谷里打了两桶满满的水。那人挑得非常吃力，摇摇晃晃，没走几步，就跌倒在地，水全都洒了，那人的膝盖也摔破了。

"水洒没了，你不还得回头重打一桶吗？膝盖破了，走路艰难，岂不是比刚才挑得更少吗？"大师说。

"那么大师，请问具体挑多少，怎么估计呢？"

大师笑道："你们看这个桶。"众人看去，桶里划了一条线。

大师说："这条线是底线，水绝对不能高于这条线，高于这条线就超过了我自己的能力和需要。起初需要划一条线，挑的次数多了以后就不用再看那条线了，凭感觉就知道需要多少。有这条线，可以提醒我们，凡事要尽力而为，同时要量力而行。"

众人又问："那么底线应该在哪呢？"

大师说："一般来说，越低越好，因为越低的目标越容易实现，人的勇气不容易受到挫折，相反会培养起更大的兴趣和热情，长此坚持下去，循序渐进，自然会挑得更多、挑得更稳。"①

挑水如同武术，武术如同做人。循序渐进，逐步实现目标，才能避免许多无谓的挫折。

中国也有这样一句谚语："兔子若仿效狮子跳山崖，必定会坠入山涧而死。""知人者智，自知者明。"中国还有一句成语"螳臂当车"，其中螳螂基本上是一个正面的形象，因为它有一种知其不可为而为之的大无畏精神，齐庄公为了对这只小虫子表示敬意，特意"回车以避之"。但对"螳臂当车"这一行为，应该做"知其不可为而为之"和"知进而不知退，不量力而轻敌"两种理解，如何褒贬它，当视具体情况而定。

---

① 三石.佛修心道修身.当代世界出版社，2008.5

# 参考文献

［1］普洱.淡定，不浮躁的活法［M］.北京：中国商业出版社，2011.7.

［2］德群.有一种力量叫淡定大全集［M］.北京：中国华侨出版社，2011.6.

［3］凹凸.学会放下 懂得从容［M］.北京：中国纺织出版社，2010.2.

［4］易贝连.淡定［M］.北京：中国纺织出版社2012.6.

［5］张新国.有一种心态叫放下［M］.北京：北方妇女儿童出版社，2011.1.

［6］刘汉.四十四岁必读书［M］.北京：民主与建设出版社，2012.12.

［7］华君.尘世悟语：淡定与舍得的智慧［M］.北京：中国华侨出版社，2013.3.

［8］王娟娟.不抱怨的人生Ⅱ：做最好的自己［M］.长春：吉林出版集团，2013.1.

［9］龙文元.从容的人生不设限［M］.北京：中国纺织出版社，2012.9.

［10］金鸣.宽心的智慧［M］.北京：九州出版社，2010.3.

［11］林志贤.心理学一本通（上卷）［M］.南昌：百花洲文艺出版社，2011.8.

［12］马瑾文.不抱怨：做内心强大的自己［M］.北京：中国长安出版社，2013.1.

［13］黄兴存.舍与得决定人生［M］.北京：北京燕山出版社，2011.5.

［14］沈小洁.处世三不：不生气不抱怨不折腾［M］.北京：西苑出版社，2010.8.

［15］叶舟博士.北大教授谈修心［M］.南宁：广西科学技术出版社，2008.12.

［16］妙皇法师.佛眼观人生［M］.武汉：长江文艺出版社，2010.5.

［17］吴正清.生活佛［M］.北京：新世界出版社，2010.6.

［18］墨墨.不计较：每天学点佛学智慧［M］.北京：北京理工大学出版社，2012.1.

［19］乔飞.30几岁要想得开：追求淡定的人生境界［M］.北京：当代世界出版社，2011.1.

［20］李文清.舍与得：人生成长经营课［M］.北京：中国三峡出版社，2011.6.

［21］三石.佛修心 道修身［M］.北京：当代世界出版社，2008.5.

［22］肖惠心.智慧禅［M］.北京：中国民航出版社，2004.8.

［23］张超.王阳明心学的智慧［M］.北京：石油工业出版社，2013.7.

［24］胡卫红.听佛学大师谈人生［M］.北京：新华出版社，2007.8.

［25］弘缘.佛家珍言：从容人生的佛学智慧［M］.北京：新世界出版社，2010.3.

［26］郭宇君.学会宽心：不染纤尘心坦荡［M］.北京：北京工业大学出版社，2011.5.

［27］程超.智慧人生：宽心、包容、舍得［M］.哈尔滨：黑龙江科学技术出版社，2010.9.

［28］墨墨．修心：做内心强大的自己［M］．北京：北京理工大学出版社，2012.3.

［29］马银文．当下的修行：要学会淡定［M］．北京：中国纺织出版社，2013.2.

［30］［美］卡耐基．做淡定的自己［M］，徐杰，译．北京：金城出版社，2013.1.

［31］田野．有一种心态叫放下大全集［M］．北京：中国商业出版社，2011.9.

［32］刘艳．现实生活中必须放下的50件事［M］．呼和浩特：内蒙古文化出版社，2011.7.

［33］凹凸．学会忍耐懂得放下［M］．北京：纺织工业出版社，2009.2.

［34］马银文．当下的修行，要学会宽容［M］．北京：中国纺织出版社，2013.2.

［35］黄志坚．吃饭时吃饭，睡觉时睡觉［M］．北京：电子工业出版社，2010.2.

［36］陈泰先．佛学中的做人道理［M］．北京：中国物资出版社，2009.1.

［37］金克水．舍得 受用一生的智慧［M］．北京：外文出版社，2011.9.

［38］马银春．淡定［M］．北京：中国商业出版社，2013.2.

［39］海涛．学会心宽大全集［M］．北京：化学工业出版社，2011.1.

［40］张铁成．放下 看破 自在［M］．北京：新世界出版社，2013.1.

［41］秦浦．道家做人，儒家做事，佛家修心［M］．北京：中国华侨出版社，2013.1.

［42］张笑恒．你可以不生气［M］．北京：北京工业大学出版社，2010.1.

［43］赵伯异．看开 给不听话的心上一堂佛学课［M］．北京：人民日报出版社，2010.5.

［44］胡明媛．包容与舍得的人生经营课［M］．北京：北京工业大学出版社，2011.7.

［45］龙柒．放下：给你的生活开一扇窗［M］．北京：新世界出版社，2009.7.

［46］宋天天．大彻大悟的佛学智慧［M］．北京：新世界出版社，2010.7.

［47］晓春．不生气 要争气［M］．北京：九州出版社，2007.4.

［48］杨晓波．不较真了，心不烦了，不计较的智慧［M］．北京：中国纺织出版社，2013.4.

［49］王焕斌．不生气的智慧，做情绪的主人［M］．中国纺织出版社，2012.7.

［50］罗俊英．修行即修心［M］．北京：中国华侨出版社，2013.3.

［51］刘轶梅．幸福禅师：365 则丰富心灵、品味人生的禅思哲理［M］．昆明：云南美术出版社，2005.9.

［52］王泓逸．听禅闻道静思语（佛学中的人生感悟）［M］．北京：地震出版社，2011.3.

［53］冯丽莎．听佛学大师讲人生［M］．北京：地震出版社，2010.7.

［54］黄亚男，若谷．有一种心态叫舍得［M］．北京：中国华侨出版社，2011.7.

［55］燕君.处世三：不不生气、不抱怨、不折腾［M］.武汉：华中科技大学出版社，2010.2.

［56］蔚蓝.学会舍得大全集［M］.北京：化学工业出版社，2011.1.

［57］林弋然.淡定就是平常心［M］.北京：时代文艺出版社，2013.1.

［58］郑沄.学会选择，懂得舍得［M］.北京：中国纺织出版社，2008.10.

［59］明一.与祖师同行［M］.北京：三联书店，2011.1.

［60］王少农.学会宽心［M］.北京：中国商业出版社，2010.7.

［61］张权.度过生命中的不如意［M］.北京：金城出版社，2007.1.

［62］徐畅.修心：做内心宁静的自己［M］.北京：中国华侨出版社，2013.1.

［63］胡明媛.宽心与幸福的人生经营课［M］.北京：北京工业大学出版社，2011.6.

［64］李安.淡定的人生不寂寞全集［M］.北京：海潮出版社，2011.6.

［65］陶涛.禅理学修心，道中学做人［M］.北京：地震出版社，2008.4.

［66］星云大师.星云禅话［M］.北京：现代出版社，2007.7.

［67］嘎玛仁波切.向活佛学放心：与心对话［M］.南京：江苏文艺出版社，2010.2.

［68］智缘.心生菩提树［M］.北京：新华出版社，2009.1.

［69］李志敏.左右你一生的心态［M］.郑州：河南文艺出版社，2011.2.

［70］［美］夏皮罗，［美］詹克斯基.以弱胜强的沟通术［M］.北京：中央编译出版社，2010.10.

［71］沈庭，妙皇，黄敏.佛眼观处世：大师谈世事［M］.武汉：长江文艺出版社，2010.5.

［72］赵保坤.重塑心灵［M］.北京：民主与建设出版社，2009.6.

［73］星云大师.星云大师讲演集［M］.北京：佛光出版社，1987.10.

［74］星云大师，刘长乐.包容的智慧2：修好这颗心［M］.南京：江苏文艺出版社，2010.10.

［75］圣严法师.马祖道一：对佛像吐痰也是菩萨境界［J］.公案100，2012（11）

［76］庄佩金.有一种智慧叫冷静［J］.剑南文学，2010（1）

［77］慈善的作用［N］.中国红十字报，2012.1.

［78］辛成，陈洋根.家庭主妇一夜暴富后怎么又一贫如洗［N］.今日早报，2012-5-3（4）.

［79］刘仲宇.众生平等与生态保护［J］.佛教与环保，2011.8.

［80］缪炜.退休后，放慢脚步，享受生活［N］.北京晚报，2012-6-20.

［81］阎雨.禅宗管理哲学的当代启示［N］.中华工商时报，2011-4-27.

［82］王绍璠．日本企业精神的启示：禅文化如何成就经济强国［EB/OL］．凤凰网华人佛教，［2011-05-24］.http://fo.ifeng.com/news/detail_2011_05/2416587682_0.shtml．

［83］印光大师．处处可修行，家庭即是道场［EB/OL］．凤凰网华人佛教综合，［2012-11-7］.http://fo.ifeng.com/fojiaomeiwen/detail_2012_11/06/18894958_0.shtml．

［84］噶玛龙多仁波切活佛．与上师饮茶：工作即修行［J/OL］．沪港经济，2012（2）［2012-4-8］. http://www.sh_hk.org/show.aspx?id=6830&cid=134．

［85］黄兴，周语．智慧的人生不寂寞［M］．北京：龙门书局，2011.6.

［86］李平．孤独与独处［N］．上海青年报，2007-3-22.

［87］独处，是种孤单是种幸福［J］．都市主妇，2007（9）．

［88］贾宁．累了，该怎么休息［J］．环球时报生命周刊，2004（12）．

# 后记

　　为了《不抱怨的世界，爱上生命中的不完美：修心、宽容、不抱怨的人生智慧》一书的写作，笔者这些日子以来，一直奔波于图书馆与书店之间，也断掉了所有的交际与应酬，本着一颗敬畏之心，希望所著能准确传达禅意人生。

　　笔者查阅、参考了大量的国内外众多文献资料，部分精彩文章未能正确注明来源，希望相关版权拥有者见到本声明后及时与我们联系，我们都将按相关规定支付稿酬。在此，深深表示歉意与感谢。

　　由于本书字数较多，工作量巨大，在写作过程中的资料搜集、查阅、检索得到了我的同事、助理和朋友的帮助，在此对他们表示感谢，他们是周秀沙、杨茂宏、尹和松、王槐荣、苏少兵、胡锡燕、陈南峰、林明才等，感谢他们的无私付出与精益求精的精神。

禅意人生修行课

禅意人生修行课